FRANZIS ARBEITSBUCH

FRANZIS ARBEITSBUCH

Burkhard Kainka

Messen, Steuern und Regeln über die RS232-Schnittstelle

Meßdatenerfassung und Prozeßsteuerung mit dem PC

Mit 52 Abbildungen
2., verbesserte und erweiterte Auflage

FRANZIS

CIP-Kurztitelaufnahme der Deutschen Bibliothek

Kainka, Burkhard:
Messen, Steuern und Regeln über die RS-232-Schnittstelle: Meßdatenerfassung und Prozeßsteuerung mit dem PC / Burkhard Kainka. – 2., verb. u. erw. Aufl. – München: Franzis, 1990.
(Franzis-Arbeitsbuch)
ISBN 3-7723-6053-X

Umschlaggestaltung: Kaselow-Design, München

Satz: Franzis-Druck GmbH, 8000 München 2
Druck: Heinzelmann Offsetdruck GmbH, München

Printed in Germany · Imprimé en Allemagne

ISB N 3-7723-6053-X

Vorwort

Wer sich intensiver mit der computerunterstützten Meß-, Steuer- und Regeltechnik beschäftigt, wird am Problem der Wahl geeigneter Schnittstellen zwischen Rechner und externer Elektronik nicht vorbeikommen. Die unterschiedlichsten Kriterien wie Geschwindigkeit, Einfachheit und Universalität lassen sich dabei nicht ohne weiteres unter einen Hut bringen. In diesem Buch steht die universelle Einsetzbarkeit der entwickelten Geräte im Vordergrund: Sie sollten möglichst ohne jede Änderung an allen verbreiteten Home- und Personalcomputern arbeiten. Aus diesem Grund wurde die RS232-Schnittstelle gewählt, die an fast allen Rechnern vorhanden ist.

Ein Ziel des Buchs ist der möglichst geringe Aufwand der vorgestellten Projekte. Auch komplexere Aufgaben sollen mit den Mitteln des Hobby-Elektronikers bewältigt werden. Es werden zahlreiche Zusatzgeräte vorgestellt, die die Ausrüstung eines Elektroniklabors bereichern. Die entwickelten Geräte sind beliebig ausbaufähig, so daß auch weitergehende Aufgaben mit den hier gezeigten Grundlagen leicht lösbar werden.

Heute werden häufig intelligente Interfaces mit eigenem Steuercomputer für die angesprochenen Aufgaben eingesetzt. Diese Geräte lösen Teile der gestellten Aufgaben selbständig. Hier wurde jedoch das gegenteilige Konzept verfolgt. Die vorgestellten Interface-Schaltungen arbeiten ohne eigene Intelligenz, so daß alle Vorgänge voll unter der Kontrolle des angeschlossenen Rechners stehen. Dies führt zu einfachen und überschaubaren Lösungen.

Ich hoffe, mit diesem Buch vielen Lesern einen Zugang zu diesem interessanten Gebiet der Computertechnik zeigen zu können.

Burkhard Kainka, Essen

Wichtiger Hinweis

Die in diesem Buch wiedergegebenen Schaltungen und Verfahren werden ohne Rücksicht auf die Patentlage mitgeteilt. Sie sind ausschließlich für Amateur- und Lehrzwecke bestimmt und dürfen nicht gewerblich genutzt werden*).
Alle Schaltungen und technischen Angaben in diesem Buch wurden vom Autor mit größter Sorgfalt erarbeitet bzw. zusammengestellt und unter Einschaltung wirksamer Kontrollmaßnahmen reproduziert. Trotzdem sind Fehler nicht ganz auszuschließen. Der Verlag und der Autor sehen sich deshalb gezwungen, darauf hinzuweisen, daß sie weder eine Garantie noch die juristische Verantwortung oder irgendeine Haftung für Folgen, die auf fehlerhafte Angaben zurückgehen, übernehmen können. Für die Mitteilung eventueller Fehler sind Autor und Verlag jederzeit dankbar.

*) Bei gewerblicher Nutzung ist vorher die Genehmigung des möglichen Lizenzinhabers einzuholen.

Inhalt

1 Einleitung

Schon lange bevor Computer zur Datenverarbeitung im heutigen Sinne eingesetzt werden konnten, war ihr eigentliches Anwendungsfeld die Meß-, Steuer- und Regeltechnik. Was liegt auch näher, als Arbeitstechniken der Elektronik durch den Computer zu unterstützen? Allerdings gilt das wohl eher aus der Sicht des Entwicklers, während der Anwender im allgemeinen ein fertiges, in sich geschlossenes System auf den Tisch bekommt, das die Verbindung mit beliebiger anderer Elektronik eher erschwert.

Man hat versucht, durch eine Standardisierung von Schnittstellen die Verbindung unterschiedlicher Geräte zu erleichtern. So ist z. B. der Anschluß eines Druckers über eine Centronics-Schnittstelle im allgemeinen kein Problem mehr. Speziell für die Datenkommunikation über das Fernsprechnetz wurde die RS232-Schnittstelle entwickelt. Im Bereich der industriellen Meßtechnik ist der IEC-Bus weit verbreitet. Daneben gibt es eine Vielzahl anderer, oft gerätespezifischer Schnittstellen, die zur Verbindung mit der elektronischen Außenwelt des Computers benutzt werden können.

Es herrscht kein Mangel an Bauvorschlägen für Hardware- Erweiterungen zum Messen oder Steuern. Allerdings ist gerade die Vielfalt der verwendeten Schnittstellen ein Hindernis für die praktische Umsetzung. Was an einer ganz speziellen Schnittstelle sehr einfach zu realisieren ist, mag an einem anderen Gerät auf um so größere Schwierigkeiten stoßen.

Die Schnittstelle, die heute an fast allen üblichen Rechnern vorhanden ist, ist die RS232. Deshalb wird sie immer häufiger als universelle Schnittstelle eingesetzt, als die sie ursprünglich gar nicht konzipiert war. Der Vorteil, einmal entwickelte Geräte an ganz verschiedene Computer anschließen zu können, wiegt bei weitem den manchmal etwas schwierigeren Umgang mit der RS232 auf. Speziell für den Einsatz im Elektroniklabor bietet sie entscheidende Vorteile:

- Es besteht praktisch keine Gefahr der Beschädigung des Rechners durch Fehler im Umgang mit der Schnittstelle. Geräte dürfen ohne Abschalten des Computers beliebig verbunden und getrennt werden. Dem sicheren Arbeiten kommt auch die Möglichkeit einer gewissen räumlichen Trennung von Computer und Meßaufbau zugute.

- Wegen der relativ geringen Übertragungsgeschwindigkeit ergibt sich eine sehr große Übertragungssicherheit auch bei längeren Verbindungen, und es besteht kaum eine Gefahr der Entstehung von Störstrahlungen.
- Man kommt mit sehr einfachen Verbindungskabeln aus, die problemlos auch mit einer Potentialtrennung ausgestattet werden können. Damit kann man empfindliche Meßaufbauten vor Störeinflüssen aus dem Computer schützen.

Das Buch beschreibt alle entwickelten Interface-Schaltungen im Einsatz an einem IBM-PC-kompatiblen Gerät, dem Schneider PC1512. Sie wurden aber auch mit einem Taschencomputer Sharp PC-1350 betrieben, was besonders bei der ersten Erprobung vorteilhaft war, da ein so kleines Gerät zwischen den Meßgeräten und Werkzeugen des Arbeitstisches weniger stört als ein großer Rechner mit Bildschirm und Tastatur. Im letzten Kapitel wird aber auch der Einsatz vieler anderer Computer an Beispielen gezeigt.

Die Programmbeispiele stützen sich hauptsächlich auf die für MS-DOS-Rechner weit verbreiteten Sprachen GW-Basic und Turbo-Pascal, Version 4.0. Obwohl Basic heute oft für überholt gehalten wird, zeigt sich gerade bei der Verwendung der seriellen Schnittstelle, daß man bei kleinen Aufgaben mit wesentlich kürzeren Programmen ans Ziel gelangt als in anderen Sprachen. Was in Basic nur eine Zeile braucht, benötigt in Pascal oft schon eine eigene Prozedur. Der Vorteil von Pascal zeigt sich erst bei komplexeren Anwendungen.

Es sollen hier keine Nachbauanleitungen gegeben werden, sondern das Buch will Grundlagen vermitteln und Denkanstöße für eigene Entwicklungen geben. Dabei wurde Wert auf die ausführliche Dokumentation der erforderlichen Hardware-Elemente gelegt. Die vorgestellten Interface-Schaltungen können als Grundlage für eigene Anwendungen dienen, die je nach Einsatzzweck zusammengestellt werden können.

Voraussetzungen für die erfolgreiche Beschäftigung mit dem Thema sind solide Elektronik-Grundkenntnisse und einige brauchbare Meßgeräte. Dazu gehört z. B. ein Oszilloskop, das vor allem bei der Fehlersuche unentbehrlich ist.

2 Vorstellung der RS232-Schnittstelle

Bei praktisch jedem Personalcomputer gehört heute eine serielle Schnittstelle (RS232) zur Grundausstattung. Während die Centronics-Schnittstelle zum Anschluß des Druckers vorgesehen ist, ist die RS232 in erster Linie zum Anschluß eines Modems zur Datenfernübertragung gedacht. Es gibt jedoch inzwischen eine Vielzahl anderer Geräte, die an der seriellen Schnittstelle betrieben werden, wie z. B. Drucker, Plotter, Scanner, die „Maus", Tastaturen und anderes. Daneben wird sie auch zur direkten Verbindung unterschiedlicher Computer eingesetzt.

Wer schon einmal vor dem Problem stand, eine Datenverbindung über die serielle Schnittstelle einzurichten, der weiß, daß dies oft erhebliche Geduld verlangt. Der Grund liegt in den außerordentlich vielen Möglichkeiten der Einstellung von Schnittstellenparametern und in den unterschiedlichen Kabelverbindungen. Dazu kommen oft noch Software-Probleme, die auf mangelnder Verständigung verschiedener Hersteller untereinander beruhen. Wenn auch die Datenübertragung zum Zweck von Messungen und Steuerungen um einiges weniger kompliziert ist als die Übertragung von Texten, so ist letzteres doch ein geeigneter Einstieg in die Anwendungen dieser Schnittstelle, weil hier meist schon einige Erfahrungen vorliegen.

2.1 Anschluß eines Druckers

Als einführendes Beispiel soll hier eine Datenverbindung zwischen einem Schneider PC1512 als Vertreter der IBM-PC- kompatiblen Geräte und einer Thermoschreibmaschine Brother EP44 dienen. Die EP44 läßt sich vorteilhaft als Drucker einsetzen. Außerdem hat sie einen eingebauten Textspeicher, aus dem heraus Texte über die Schnittstelle gesandt werden können. Die aufgebaute Datenverbindung ist in vieler Hinsicht typisch, so daß sich die Vorgehensweise auf viele ähnliche Fälle übertragen läßt.

Abb. 2.1 zeigt den Anschlußplan für das erforderliche Schnittstellenkabel. Es werden auf beiden Seiten 25polige Sub-D-Steckverbindungen verwendet. Der PC hat an seiner Rückseite einen Stecker, so daß an dieser Seite am Kabel eine Buchse eingesetzt wird. Die EP44 hat dagegen eine eingegebaute Buchse, so daß das Kabel mit einem Stecker endet. Es verwendet eine von mehreren

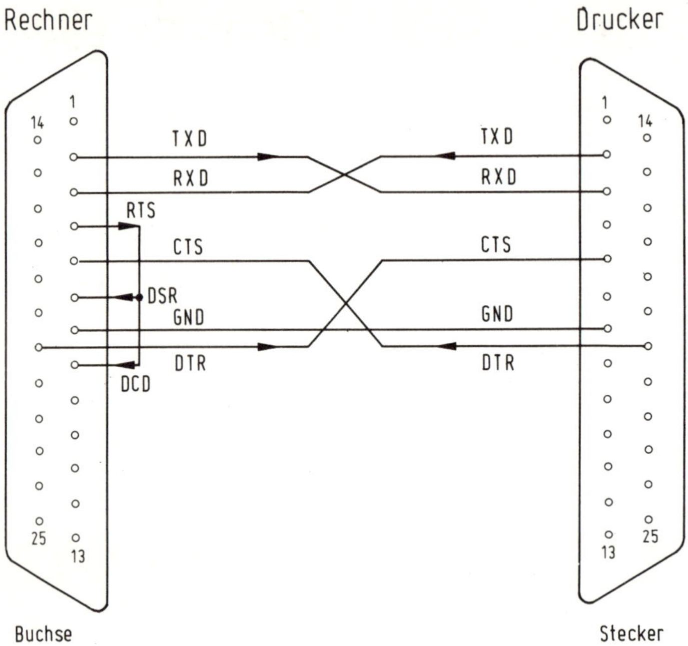

Abb. 2.1 RS232-Schnittstellenkabel zwischen PC und Drucker

möglichen Anschußarten, die auch bei der Verbindung zweier Computer angewandt werden kann. Im Falle eines Kabels zur Verbindung mit einem Modem liegt der Fall jedoch anders; hier müssen alle Anschlüsse parallel verdrahtet werden, es werden also jeweils gleiche Pin-Nummern verbunden.

Sobald das Kabel beide Geräte verbindet, kann die Übertragung beginnen. Dazu müssen zuerst die Schnittstellenparameter aufeinander abgestimmt werden. Die EP44 wird in den Terminal-Betrieb geschaltet und mit Hilfe ihrer Mode-Taste auf die folgenden Parameter eingestellt:

Baud Rate	1200
Bit Length	8
Parity	N
New Line	CR+LF
Code	8 Bit
Er	Y

Dazu passend läßt sich die Schnittstelle des Rechners vom Betriebssystem aus mit dem DOS-Befehl MODE folgendermaßen einrichten:

```
MODE com1:1200,n,8,1,p
```

Als erstes soll die Schreibmaschine als Drucker eingesetzt werden, um mit Hilfe des Betriebssystems eine beliebige Textdatei zu drucken. Eine von mehreren Möglichkeiten stellt die Verwendung des Befehls COPY dar. Mit ihm können Dateien beliebig zwischen Diskettenlaufwerken, Festplatte, Bildschirm, Tastatur und Schnittstellen hin- und herkopiert werden. In unserem Fall lautet die Anweisung:

```
COPY autoexec.bat com1
```

Vorausgesetzt, die Datei autoexec.bat existiert wirklich im aktuellen Laufwerk, wird sie nun zum Drucker geschickt, den man vorher noch mit der CONT-Taste in Bereitschaft versetzt hat. Schon bevor der Druck beendet ist, kehrt der Rechner mit seinem Bereitschaftssymbol aus der Übertragungsroutine zurück. Dies liegt am Übertragungspuffer der EP44, in dem bis zu 160 Zeichen zwischengespeichert werden.

Der umgekehrte Fall einer Datenverbindung setzt bei der EP44 voraus, daß im normalen Betriebsmodus ein Text in den knapp 4 KByte großen Textspeicher geschrieben wurde. Dieser kann nun einfach in eine Datei des angemeldeten Laufwerks kopiert werden. Dazu wird wieder der COPY-Befehl verwendet:

```
COPY com1 text.txt
```

Nach der Eingabe der Befehlszeile befindet sich der Rechner in Empfangsbereitschaft und wartet auf Daten. Man kann sich Zeit lassen und in aller Ruhe die EP44 im Terminal-Modus in Bereitschaft versetzen. Mit der Taste TEXT wird die Übertragung gestartet. Nach kurzer Zeit meldet die Maschine „Text emty", der Text ist fertig übertragen. Trotzdem kehrt der Rechner nicht aus der Empfangsroutine zurück, da er noch auf weiteren Text wartet. Man muß erst dem Rechner das Ende des Textes über die Schnittstellenleitung anzeigen. Dies ist über die Tastatur der EP44 mit CODE Z möglich. Praktisch möglich, wenn auch nicht sehr sinnvoll ist das direkte Schreiben von der Tastatur der EP44 in eine Datei des Rechners. Die Übertragung wird genau wie vorher eingeleitet, nur daß direkt auf der Tastatur geschrieben wird. Am Ende des Textes wird wieder CODE Z geschrieben.

Für alle MS-DOS-Rechner sind die Schnittstellen, Diskettendateien und das Terminal mit der Tastatur gleichwertige Ein-/Ausgabegeräte. Man kann deshalb mit

```
COPY com1 con
```

einen Text direkt an den Bildschirm leiten. Allerding wird er erst mit der Textendemarke CODE Z sichtbar. Umgekehrt läßt sich auch von der PC-Tastatur direkt der Drucker ansprechen.

```
COPY con com1
```

Auch hier ist aber das Textende gesondert anzugeben, indem Ctrl Z getippt wird. Erst mit diesem Zeichen werden die Daten auf den Weg geschickt.

Die Übertragung von Texten stellt sicher nicht das Ziel dieses Buches dar. Es ist aber auch für die weiteren Überlegungen interessant zu erfahren, was passiert, wenn Daten über die serielle Schnittstelle laufen. Zunächst einmal wurden in den bisher genannten Beispielen grundsätzlich einzelne Zeichen mit einer Breite von 8 Bits übertragen. Bei dieser byteweisen Übertragung können Zahlenwerte zwischen 0 und 255 gesendet werden. Bei der Textübertragung werden diese Zahlen festgelegten Zeichen zugeordnet. Dabei stellen z. B. die Werte 65 bis 90 nach dem ASCII die großen Buchstaben von A bis Z dar. Zusätzlich zu Buchstaben, Ziffern und Satzzeichen wurden Steuerzeichen definiert. Am Ende jeder Zeile wurde hier z. B. das Zeichen „13“ (= CR, carriage return, Wagenrücklauf) und das Zeichen „10“ (= LF, line feed, Zeilenvorschub) gesendet und vom Drucker direkt ausgeführt. Außerdem wurde „26“ (= ∧Z, Ctrl Z) als Textendemarke verwendet.

In den speziell vereinbarten Steuerzeichen liegen viele der Ursachen für mögliche Probleme, da es hier mehrere verschiedene Versionen gibt, die sich je nach Hersteller oder Treibersoftware unterscheiden. Außerdem gibt es z. B. für die deutschen Sonderzeichen unterschiedliche Codierungen. Diese Probleme treten aber genauso bei der Verwendung von Druckern an der Centronics-Schnittstelle auf. Zum Glück brauchen wir für die Anwendungen der RS232 im Bereich Messen, Steuern und Regeln keine Rücksicht auf irgendwelche Vereinbarungen zur Textübertragung zu nehmen. Hier bedeuten die übertragenen Bytes genau das, was sie auch tatsächlich darstellen, nämlich Zahlen im Bereich 0 bis 255.

2.2 Schnittstellenparameter

Das besondere Merkmal serieller Schnittstellen ist, daß alle Daten zeitlich hintereinander über eine einzige Leitung geschickt werden. Dazu teilt man die Daten in ihre kleinsten Informationseinheiten, die Bits ein, die dann einzeln übertragen werden. Jedes Byte ist eine Einheit von acht Bits, die beginnend mit dem niedrigstwertigen Bit nacheinander als logische Zustände gesendet werden. Für jedes Bit ist eine genau vereinbarte Zeiteinheit vorgesehen, so daß sie der Empfänger wieder richtig zusammensetzen kann. Allerdings ist bei der heute fast nur noch angewandten asynchronen Übertragung der Anfang einer Übertragung an den empfangenen Datenbits allein nicht eindeutig erkennbar, da das erste Bit sowohl logisch 1 als auch logisch 0 sein kann. Man schickt deshalb ein Startbit voraus, um die Übertragung eines Bytes anzukündigen. Nach erfolgter Übertragung wird ein Stopbit gesendet, das mindestens die Länge eines Datenbits haben muß, aber darüber hinaus jede beliebige Länge haben darf. Der Empfänger muß also auch Daten interpretieren können, die ganz unregelmäßig z. B. direkt von einer Tastatur kommen.

Abb. 2.2 zeigt das Zeitdiagramm der Übertragung eines Bytes. Wie in den bisherigen Beispielen beträgt die Übertragungsrate 1200 Bits pro Sekunde (= 1200 Baud). Für jedes Datenbit und auch für das Startbit steht also eine Zeit von 833,3 μs zur Verfügung. Hier wird der Wert 89 gesendet, was bei einer Textübertragung den Buchstaben „Y" bedeutet. Für die RS232 ist vereinbart, daß eine logische Eins durch eine negative Spannung (–12 V) übertragen wird, eine logische Null durch eine positive Spannung (+12 V). Das Startbit stellt also logisch 0 dar, während das Stopbit mit logisch 1 sozusagen den Ruhezustand der Datenleitung bildet. Es muß mindestens eine Bitlänge aufweisen, man kann jedoch auch eine Mindestdauer von zwei Bitlängen vereinbaren.

Veränderbar ist neben der Baudrate (Übertragungsgeschwindigkeit) auch noch die Zeichenlänge (8 Bits, 7 Bits oder 5 Bits für spezielle Anwendungen) und eine Vereinbarung über die Aussendung eines Paritätsbits zur Prüfung der übertragenen Daten.

Für die Übertragung von Texten sind also die folgenden Vereinbarungen zu treffen:

- Baudrate: Üblich sind Werte von 75, 110, 300, 600, 1200, 2400, 4800, 9600, 19200, 38400 Baud.
- Länge eines Zeichens: Üblich sind 7 Bits oder 8 Bits. Die meisten Geräte sind aber auch in der Lage, 6 Bits oder 5 Bits zu übertragen, um eine Kompatibilität zur Fernschreibnorm zu gewährleisten.

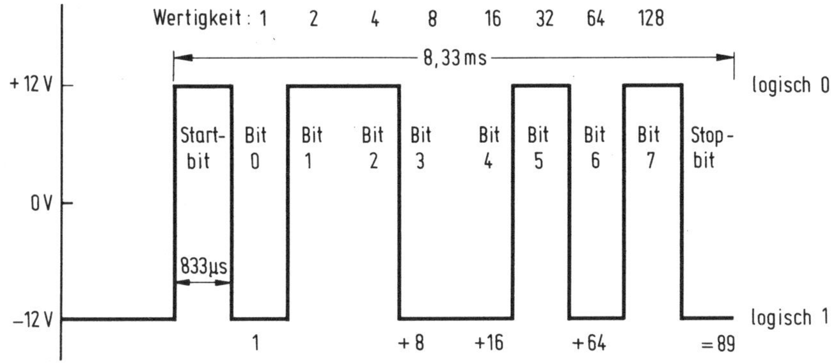

Abb. 2.2 Oszillogramm eines seriell übertragenen Zeichens. Das Zeichen „Y" (ASCII 89) wird hier mit 1200 Baud gesendet

- Anzahl der Stopbits: Meist können ein oder zwei Stopbits gewählt werden. Bei acht Datenbits ist jedoch für einige Geräte nur ein Stopbit erlaubt.
- Paritätsbit: Dem Zeichen kann ein gerades, ein ungerades oder kein Paritätsbit angefügt werden. Ein gerades Paritätsbit ist dann 1, wenn die Summe aller übertragenen Bits gerade ist.

2.3 Handshake-Leitungen

Eine Datenübertragung mit der RS232-Schnittstelle benötigt im Prinzip nur eine Datenleitung und die Masseleitung. Wenn Daten in beiden Richtungen übertragen werden sollen, dann kommt zumindest noch eine Empfangsleitung hinzu. Die meisten Anschlußstecker für serielle Schnittstellen stellen aber noch wesentlich mehr Leitungen zur Verfügung, die z. T. nicht benutzt zu werden brauchen, keineswegs aber immer ignoriert werden dürfen. Sie sind oft Ursache für zusätzliche Probleme bei der Verbindung von Geräten. Diese Leitungen wurden eingefügt, um die Schnittstelle möglichst betriebssicher und komfortabel zu machen. Dazu gehört, daß jedes der beiden verbundenen Geräte dem anderen seine Betriebsbereitschaft und die Bereitschaft zur Aufnahme weiterer Daten melden kann.

Die folgende Tabelle zeigt alle Leitungen mit ihrer üblichen Pinbelegung des 25poligen Sub-D-Steckers beim IBM PC.

Pin		Bezeichnung		Funktion
2	out	TXD	(Transmit Data)	Sendedaten
3	in	RXD	(Receive Data)	Empfangsdaten
4	out	RTS	(Request To Send)	Sendeteil einschalten
5	in	CTS	(Clear To Send)	Sendebereitschaft
6	in	DSR	(Data Set Ready)	Betriebsbereitschaft
7		GND	(Ground)	Betriebserde
8	in	DCD	(Carrier Detect)	Empfangssignalpegel
20	out	DTR	(Data Teminal Ready)	Endgerät betriebsbereit
22	in	RI	(Ring Indicator)	Ankommender Ruf

Die Leitungen RTS und DTR als Ausgänge sowie CTS, DCD und DSR als Eingänge haben jeweils eine ähnliche Funktion. Sie steuern nämlich den Datenaustausch. Meist werden sie so eingesetzt, daß RTS und DSR beim Aufbau der Datenverbindung eine Rolle spielen, während CTS und DTR sicherstellen, daß das jeweils empfangende Gerät die Daten nur so schnell erhält, wie es sie auch verarbeiten kann. Dazu setzt es jeweils DTR auf –12 V, wenn es eine Verarbeitungspause benötigt. Das sendende Gerät unterbricht dann die Sendung so lange, wie es das empfangende Gerät verlangt. Umgekehrt wird über den Eingang CTS abgefragt, ob das Gegengerät weitere Daten aufnehmen kann. Deshalb sind die Anschlüsse DTR und CTS jeweils kreuzweise verbunden, wie auch die beiden Datenleitungen RXD und TXD. Dieses Verfahren zur gegenseitigen Mitteilung der Empfangsbereitschaft nennt man Handshaking.

Wie die einzelnen Steuerleitungen benutzt werden, ist allein Sache der Software. Man könnte sich in eigenen Programmen z.B auf die alleinige Verwendung der Datenleitungen TXD und RXD beschränken. Im Betriebssystem MS-DOS arbeitet der COPY-Befehl über die Schnittstelle so, daß zuerst die Bereitschaft der Schnittstelle hergestellt und geprüft wird. Um einem angeschlossenen Gerät wie einem Modem oder der im Beispiel verwendeten EP44 die Bereitschaft anzuzeigen, wird RTS hochgesetzt. Das bedeutet die Aufforderung an das Gegengerät, Daten zu senden. Umgekehrt wird abgefragt, ob das Datengerät bereit ist. Es soll durch einen High-Pegel über DSR signalisieren, daß es eingeschaltet ist. Über DCD zeigt z. B ein Modem an, daß eine Datenübertragungstrecke aufgebaut ist, also in Kürze Daten zu erwarten sind. Sind die beiden Leitungen DSR und DCD hochgesetzt, erkennt das Betriebssystem die Möglichkeit der Datenübertragung. Im anderen Fall erfolgt beim Versuch einer Übertragung eine Fehlermeldung.

Das vorgeschlagene Datenkabel (Abb. 2.1) verbindet RTS, DSR und DCD direkt im Stecker auf der PC-Seite. Sobald also eine Verbindung aufgebaut werden soll, sorgt die vom Rechner hochgeschaltete Leitung RTS selbst dafür, daß an den Eingängen DSR und DCD Bereitschaft erkannt werden kann. Auf diese Weise braucht man weniger Leitungen für das Verbindungskabel und braucht sich nicht darum zu kümmern, wie sich das angeschlossene Gerät tatsächlich verhält. Das Kabel ist damit relativ tolerant gegenüber den Eigenwilligkeiten unbekannter Geräte. Sollte allerdings das angeschlossene Gerät nicht bereit sein, weil es z. B. nicht eingeschaltet ist, dann bleibt der Rechner in seinem Versuch der Datenübertragung stecken und ist unter Umständen auch nur schwer zu unterbrechen.

Die Verbindung RTS-DSR-DCD fehlt auf der Seite der EP44. Das ist möglich, weil die EP44 anders als der PC die offenen Leitungen DSR und DCD als gesetzt betrachtet, wie übrigens auch die Leitung CTS. Damit wird bei Verbindungskabeln, die diese Leitungen nicht verwenden, eine grundsätzliche Betriebsbereitschaft des anderen Geräts angenommen.

Sollen Daten über die Leitung TXD gesendet werden, dann wird nach der Überprüfung der grundsätzlichen Bereitschaft des angeschlossenen Geräts auch die Leitung CTS abgefragt. Nur wenn sie gesetzt ist, werden Daten gesendet.

Viele Geräte mit seriellen Schnittstellen besitzen Empfangspuffer. Das sind Speicher, die Daten zwischenspeichern, bis sie verarbeitet werden können. Die EP44 hat z. B. einen Pufferspeicher mit einer Größe von 160 Bytes. Da das Drucken der Zeichen wesentlich langsamer als die Datenübertragung über die Schnittstelle ist, droht dieser Puffer nach kurzer Zeit überzulaufen. Bevor das geschieht, setzt die EP44 die Leitung DTR zurück, so daß der Rechner über seine Leitung CTS erkennen kann, daß die Übertragung unterbrochen werden soll. Er stellt die Übertragung aber nicht sofort ein, sondern sendet noch ein Zeichen, damit ein angeschlossenes Gerät erkennen kann, daß später weitere Zeichen folgen sollen. Dies ist übrigens einer der Punkte, in denen sich nicht alle Computerhersteller einig sind, denn einige Geräte unterbrechen den Datenstrom sofort, wenn an CTS ein Low-Pegel erscheint.

Beim Empfang von Daten hat auch der Computer die Möglichkeit, den Datenstrom über seine Leitung DTR zu steuern. Wenn der im Arbeitsspeicher eingerichtete Kommunikationspuffer überzulaufen droht, sollte DTR zurückgesetzt werden. Ob dies aber auch tatsächlich geschieht, ist wieder eine Frage der Software. Bei der direkten Übertragung in eine Diskettendatei ist die Verarbeitungsgeschwindigkeit jedenfalls größer als die Übertragungsgeschwindigkeit von 1200 Baud, weshalb es zu keinem Überlauf kommen kann. Wird die Schnittstelle aber z. B. aus einem Basicprogramm heraus benutzt, dann zeigt es sich, daß das Betriebssystem einem Überlaufen des Puffers nicht vorbeugt. Man muß sich also selbst um die Leitung DTR kümmern.

Daß die Leitung DTR nicht voll vom Betriebssystem unterstützt wird, liegt an der primären Auslegung der Schnittstelle für die Verbindung mit Modems. Dort läßt sich nämlich der Datenstrom der Gegenseite nicht über eine Steuerleitung unterbrechen, da letztlich alles über eine einzige Telefonleitung abgewickelt wird. Deshalb benutzt man hierzu eine Steuerung mit Hilfe spezieller Steuerzeichen (X_{on} und X_{off}), die über die Datenleitung geschickt werden.

Ein weiteres Problem stellt das Erkennen des Endes einer Datei dar. Auch eine Pause ist kein Indiz dafür, daß die Datei nun vollständig übertragen ist. Das Betriebssystem verwendet dazu das Dateiendezeichen „26“ (∧Z, End of File). Leider ist auch hier keine vollständige Einigkeit zwischen den Herstellern zu verzeichnen.

Der Umgang mit der seriellen Schnittstelle wird vereinfacht, wenn keine Dateien mit Textzeichen übertragen werden, sondern nur Steuer- und Meßdaten. Zum einen werden alle übertragenen Zeichen als Zahlenwerte bzw. als Bitmuster interpretiert. Zum anderen steht es hier grundsätzlich unter der alleinigen Kontrolle des Rechners, was über die Schnittstelle geht. Man hat also nicht das Problem, das Ende einer unbestimmten Datenmenge zu erkennen.

2.4 Benutzung der Schnittstelle in Basic

GW-Basic enthält eine Vielzahl von Befehlen zur Nutzung der RS232. Die Schnittstelle wird wie eine Datei behandelt, aus der Daten gelesen werden, oder in die Daten geschrieben werden können. Sie muß vor der eigentlichen Benutzung mit den gewünschten Parametern geöffnet werden und verfügt dann über einen Puffer, über den der Datentransfer abgewickelt wird. Die Größe des Empfangspuffers läßt sich beim Starten des Basic festlegen. Mit

```
GWBASIC /C:32768
```

ist er z. B. mit der größten erlaubten Länge von 32 KByte eingerichtet.

Im ersten Anwendungsbeispiel soll eine Textdatei über die Schnittstelle in eine Diskettendatei kopiert werden. *Listing 1* zeigt das Programm. Sowohl die Datei auf der Diskette als auch die Schnittstelle müssen geöffnet werden, und zwar einmal zum Schreiben und einmal zum Lesen. Beim Öffnen der Schnittstelle in Zeile 1030 werden die Schnittstellenparameter genau wie mit dem DOS-Befehl

```
1000 REM ASCII-File anlegen
1010 INPUT " Dateiname ";C$
1020 OPEN C$ FOR OUTPUT AS #1
1030 OPEN "COM1:1200,N,8,1" FOR INPUT AS #2
1040 LINE INPUT#2, B$
1050 PRINT B$
1060 PRINT#1,B$
1070 IF LOC(2)<2 THEN FOR Y=1 TO 1000:NEXT Y: IF LOC (2)<2
     THEN FOR Y=1 TO 3000:NEXT Y: IF LOC(2)<2 GOTO 1090
1080 GOTO 1040
1090 CLOSE #2
1100 CLOSE #1

1200 REM ASCII-File ausgeben
1210 INPUT "Dateiname ";C$
1220 OPEN C$ FOR INPUT AS #1
1230 OPEN "COM1:1200,N,8,1,CS 20000,DS 20000" FOR OUTPUT
     AS #2
1240 LINE INPUT#1, B$
1250 PRINT B$
1260 PRINT#2, B$
1270 IF EOF(1) GOTO 1290
1280 GOTO 1240
1290 CLOSE #1
1300 CLOSE #2
```

Listing 1 Übertragungsprogramme für Textdateien. Eine Diskettendatei C$ wird über die Schnittstelle eingelesen und ausgegeben

MODE festgelegt. Der Schnittstelle ist nun als Datei die Nummer #2 zugeordnet. In Zeile 1040 wird jeweils eine ganze Textzeile eingelesen. Der Befehl LINE INPUT erwartet am Ende der Zeile ein CR (= 13, Wagenrücklauf bzw. Return) als Zeilenendemarke. Alle Zeichen bis zu dieser Marke werden mit einem Befehl in B$ eingelesen; es dürfen maximal 255 sein.

Jede gelesene Zeile wird mit PRINT am Bildschirm dargestellt und dann gleich mit PRINT#1 in die Diskettendatei geschrieben. Bei dieser Behandlung der Daten ist das Basicprogramm ausreichend schnell, so daß es bei einer Übertragungsrate von 1200 Baud nicht zu einem Überlauf des Puffers kommen kann. Schwierig ist aber das Erkennen des Dateiendes, da es durch unterschiedliche Steuerzeichen gekennzeichnet sein kann. Die Funktion EOF (end of file) erkennt nur die Dateiendemarke „26" (EOF), und zwar erst, wenn sie mit LINE INPUT eingelesen wurde. LINE INPUT wiederum erwartet am Ende ein CR. Sendet das Gegengerät EOF als letztes Zeichen ohne nachfolgendes CR, dann kann EOF nicht mehr eingelesen werden, und das Dateiende wird nicht erkannt.

Dieses Problem wurde durch die Festlegung gelöst, daß eine Datei dann als beendet betrachtet werden soll, wenn eine bestimmte Zeit lang keine neuen Zeichen mehr übertragen wurden. Die Funktion LOC liefert die Anzahl der noch im Puffer vorhandenen Zeichen. Wenn sie kleiner als 2 ist, kann keine ganze Zeile mehr im Puffer sein. Es könnte aber sein, daß von der gerade verarbeiteten Zeile erst zwei Zeichen eingetroffen sind. Deshalb wird nach einer Warteschleife erneut die Anzahl der Zeichen im Puffer abgefragt. Sind es nun mehr, dann springt das Programm zurück, um eine neue Zeile einzulesen. Ansonsten wird eine zweite, etwas längere Warteschleife durchlaufen, damit auch sehr langsam eintreffende Zeichen gelesen werden können. Sind danach noch immer keine neuen Zeichen eingetroffen, gilt die Übertragung der Datei als beendet. Mit CLOSE werden die Diskettendatei und die Schnittstelle wieder geschlossen.

Das Listing ab Zeile 1200 zeigt den umgekehrten Fall einer Textübertragung. Beim Öffnen der Schnittstelle können maximale Wartezeiten für bestimmte Zustände an den Steuerleitungen der Schnittstelle angegeben werden. Im vorliegenden Fall wurde vereinbart, daß CTS und DSR spätestens ca. 20 000 ms nach dem Öffnen gesetzt sein müssen. Damit hat man genügend Zeit, um z. B. einen Drucker als Empfänger der Daten empfangsbereit zu schalten. Man braucht also beim Aufbauen der Verbindung keine bestimmte Reihenfolge in der Bedienung der Geräte einzuhalten. Falls andererseits das Gegengerät nicht bereit ist, wird der Versuch der Datenübertragung nach der eingestellten Zeit abgebrochen.

Bei der Zeilenübertragung mit PRINT#2 wird automatisch der Zustand der Leitung CTS beachtet. Der Empfänger der Daten hat also hier die Möglichkeit, die weitere Übertragung zu unterbrechen, wenn sein Puffer überzulaufen droht. Das Erkennen des Dateiendes ist hier kein Problem, da das Steuerzeichen EOF am Ende der Diskettendatei steht. Sobald es auftaucht, werden die Datei und die Schnittstelle wieder geschlossen.

Die bisherigen Beispiele gehen von reiner Textübertragung aus. Sie ist durch die Aufteilung in Zeilen gekennzeichnet und benutzt bestimmte Steuerzeichen. Oft ist es jedoch erforderlich, Daten in ganz beliebigem Format zu übertragen. Es sollen alle Zeichen erlaubt sein, und sie sollen als Zahlen im Bereich 0 bis 255 interpretiert werden. Dies ist z. B. bei Maschinenprogrammdateien oder Meßdaten erforderlich.

Im ersten Programm in *Listing 2* werden einzelne Zeichen von der Schnittstelle gelesen. In Zeile 2040 ermöglicht INPUT$ das Lesen einer gewünschten Anzahl

```
2000 REM  Empfangen von Einzelzeichen
2010 INPUT "Dateiname ";C$
2020 OPEN C$ FOR OUTPUT AS #1
2030 OPEN "COM1:1200,N,8,1"  AS #2
2040 B$ = INPUT$ (1,#2)
2050 PRINT ASC (B$);
2060 PRINT#1, (ASC (B$));
2070 IF LOC(2)=0 THEN FOR Y=1 TO 1000   :NEXT Y:IF LOC(2)
     =0 GOTO 2110
2080 IF LOC(2) > 150 THEN OUT (&H3FC),10
2090 IF LOC(2) < 50  THEN OUT (&H3FC),11
2100 GOTO 2040
2110 CLOSE #2
2120 CLOSE #1

2200 REM Ausgabe einzelner Zeichen
2210 INPUT "Dateiname";C$
2220 OPEN C$ FOR INPUT AS #1
2230 OPEN "COM1:1200,N,8,1,CS 20000,DS 20000" FOR OUTPUT
     AS #2
2240 INPUT#1,B
2250 PRINT B;
2260 PRINT#2, CHR$ (B) ;
2270 IF EOF(1) GOTO 2290
2280 GOTO 2240
2290 CLOSE #1
2300 CLOSE #2
```

Listing 2 Übertragung beliebiger Einzelzeichen. Sie werden auf der Diskette als Zahlen im Bereich 0...255 abgelegt von Zeichen von der Schnittstelle. Hier wird jeweils nur ein Zeichen geholt, das als Textzeichen an B$ übergeben wird. Mit Hilfe der Funktion ASC wird es in den entsprechenden Zahlenwert umgesetzt. In dieser Form werden die einzelnen Bytes dann auf den Bildschirm geschrieben und auch abgespeichert.

Das Ende der Übertragung wird wieder daran erkannt, daß eine gewisse Zeit lang keine weiteren Zeichen mehr ankommen. Zusätzlich tritt aber hier das Problem auf, daß bei der Verarbeitung einzelner Bytes mehr Zeit vergeht als die serielle Übertragung benötigt. Es ist also nun erforderlich, dem Absender der Daten Unterbrechungen mitzuteilen, wenn der Puffer eine gewisse Menge Daten enthält. Da das Betriebssystem die Verwendung der Leitung DTR nicht von sich aus unterstützt, muß sie hier vom Basicprogramm entsprechend geschaltet werden. Die Leitung wird von Bit 0 des Modem-Steuerregisters unter der I/O-Adresse 3FC (vgl. Kap. 3.1) bedient. Über den OUT-Befehl wird das entsprechende Bit nach Bedarf gesetzt und zurückgesetzt. Jedesmal, wenn sich mehr als 150 Zeichen im Puffer befinden, wird DTR zurückgesetzt. Wurden die Zeichen bis auf einen Rest von 50 verarbeitet, dann wird DTR wieder gesetzt und damit die Übertragung weiterer Zeichen zugelassen.

Die Rücksendung der Daten ist problemlos. Die in der Datei abgelegten Zahlen werden in Zeile 2240 einzeln in B eingelesen und dann in Zeile 2260 in Textzeichen umgesetzt und ausgegeben. Das ";" am Ende dieser Zeile bewirkt, daß einzelne Zeichen übertragen werden und nicht jedesmal ein CR folgt.

Basic verwendet grundsätzlich neben den Datenleitungen auch die Handshakeleitungen. Will man dagegen ein vereinfachtes Schnittstellenkabel mit nur den drei Leitungen TXD, RXD und GND verwenden, dann müssen die Handshake-Leitungen CTS und DSR ignoriert werden. Die OPEN-Anweisung dazu lautet:

```
OPEN "COM1:1200,N.8,1,CS,DS"
```

3 Übertragung von Meß- und Steuerdaten

Zum Messen, Steuern und Regeln überträgt man lediglich Bitmuster in Form einzelner Bytes, also 8-Bit-Daten, die sich als Zahlenwerte zwischen 0 und 255 darstellen lassen. Die Interpretation dieser Bytes hängt ganz von der angeschlossenen Hardware ab. Dabei gibt es folgende Möglichkeiten:

- Einlesen eines Meßwerts. Ein Byte oder mehrere Bytes werden als Meßwert interpretiert. Dabei kann es sich z. B. um eine gemessene Spannung handeln. Wird mit Auflösungen über 8 Bit gearbeitet, muß der Meßwert in zwei oder mehr Bytes übertragen werden.
- Einlesen eines Statusbytes. Dabei wird jedes Bit des übertragenen Bytes für sich interpretiert. So lassen sich bis zu acht logische Zustände in einem Meßaufbau abfragen.
- Senden eines Steuerbytes. Der Rechner sendet ein Byte, dessen einzelne Bits gewisse Steuerungen in der Hardware bewirken.
- Senden eines Ausgabewertes. Ein Beispiel ist die Übertragung eines Bytes an einen Digital-Analog-Wandler. Der gesendete Wert wird dann als Spannung ausgegeben.

Hier wird nun zuerst untersucht, wie einzelne Bytes übertragen werden. Dabei geht es um die erforderliche Software und um die Verbindung zwischen Rechner und Interface.

3.1 Die Programmierung des UART 8250

Der IBM-PC und alle kompatiblen Geräte verwenden den Schnittstellen-Baustein 8250 [3] zur Realisierung ihrer RS232-Schnittstelle. Dieser UART (Universal Asynchronus Receiver/Transmitter) enthält mehrere Register, die unter ihren I/O-Adressen angesprochen werden. MS-DOS und auch die meisten Basicinterpreter verwalten die Schnittstelle selbständig. Bestimmte Zustände und Funktionen der Schnittstelle werden im Hintergrund durch das Betriebssystem gesteuert. Es verwaltet zudem noch einen Pufferbereich im Arbeitsspeicher, so daß der Datenstrom nicht unbedingt mit der Verarbeitungsgeschwindigkeit der Zeichen übereinstimmen muß. In Turbo-Pascal ist dieser Komfort nicht in gleicher Weise gegeben. Deshalb muß hier recht maschinennah programmiert werden. Im folgenden werden die Funktionen der einzelnen Register des UART beschrieben.

Adresse		Register		lesen/schreiben
3F8	out	Sende-Halteregister		
3F8	in	Empfangs-Halteregister		
3F8	out	Baudratenregister (Lowbyte)		
		nur erreichbar, wenn Bit 7 in 3FB gesetzt		
3F9	out	Baudratenregister (Highbyte)		
		nur erreichbar, wenn Bit 7 in 3FB gesetzt		
3F9	in	Interrupt-Freigaberegister		
3FA	in	Interrupt-Erkennungsregister		
3FB	out	Leitungs-Steuerregister		
		Bits 0/1:	Datenbreite 5...8 Bits	
		Bit 2:	1 oder 2 Stopbits	
		Bit 3...5:	Paritätsprüfung	
		Bit 7:	Baudrateneingabe	
3FC	out	Modem-Steuerregister		
		Bit 0:	DTR	
		Bit 1:	RTS	
3FD	in	Leitungs-Statusregister		
		Bit 0:	Zeichen empfangen	
		Bit 5:	Sende-Halteregister leer	
3FE	in	Modem-Statusregister		
		Bit 4:	CTS	
		Bit 5:	DSR	
		Bit 6:	RI	
		Bit 7:	DCD	

Es fällt auf, daß mehrere Register unter einer Adresse anzusprechen sind. Unter der Adresse 3F8 kommt es intern zu einer Umschaltung zwischen Sende- und Empfangs-Halteregister, je nachdem, ob empfangene Daten aus dem Baustein gelesen oder zu sendenden Daten hineingeschrieben werden.

Eine weitere interne Umschaltung erfolgt, wenn das höchste Bit (Bit 7, 128) des Leitungs-Steuerregisters gesetzt ist. Dann nämlich können die beiden Baudratenregister beschrieben werden. In sie wird bei der Initialisierung der Schnittstelle ein Teilerfaktor geschrieben, der die Baudrate aus der Frequenz des angeschlossenen Quarzes ableitet. Er wird berechnet mit 115 200/Baudrate. Der

Teilerfaktor muß in Highbyte und Lowbyte zerlegt werden und ist in die entsprechenden Registeradressen zu schreiben. Die folgende Tabelle enthält die wichtigsten Baudraten:

Baudrate	Teilerfaktor	Highbyte	Lowbyte
50	2304	9	0
300	384	1	128
1200	96	0	96
2400	48	0	48
4800	24	0	24
9600	12	0	12
19200	6	0	6
38400	3	0	3

Das Leitungs-Steuerregister legt außerdem einige Schnittstellenparameter fest: Die beiden untersten Bits entscheiden über die Zeichenlänge der übertragenen Daten. Für eine Länge von 8 Bits sind beide gesetzt, haben also den Wert 3. Bit 2 legt fest, wie lang das Stopbit sein soll. Für ein einfaches Stopbit muß es zurückgesetzt bleiben. Alle weiteren Bits des Leitungs-Steuerregisters betreffen das Paritätsbit und müssen für unsere Anwendungen ebenfalls zurückgesetzt bleiben.

Wichtig ist auch noch das Modem-Steuerregister. Es steuert den Zustand einiger Handshake-Leitungen. So ist das erste Bit der Leitung DTR zugeordnet und das zweite der Leitung RTS. Entsprechend fragt das Modem-Statusregister die Leitungen CTS, DCD usw. ab. Sie sind jedoch für uns weniger interessant, da bei Meß- und Steueraufgaben im allgemeinen die Bereitschaft des empfangenden Geräts nicht überprüft zu werden braucht.

Das Leitungs-Statusregister kann ausgelesen werden, um festzustellen, ob Daten empfangen wurden oder gesendet werden können. Außerdem werden bestimmte Bits gesetzt, wenn Fehler erkannt werden. Wenn ein Byte empfangen werden soll, so ist das erste Bit dieses Registers zu beobachten. Wenn es gesetzt wurde, weiß man, daß ein Byte empfangen wurde und ausgelesen werden kann. Wenn es aus dem Empfangs-Halteregister gelesen wird, wird automatisch das erste Bit des Leitungs-Statusregisters zurückgesetzt. Erst wenn ein weiteres Byte empfangen wurde, wird es wieder hochgesetzt. Wurde ein Byte zum Aussenden an das Sende-Halteregister übergeben, dann bleibt Bit 5 (Wertigkeit 32) des Leitungs-Statusregisters solange zurückgesetzt, wie dieses Byte noch nicht vollständig verarbeitet, also gesendet wurde. Durch die

Abfrage dieses Statusbits kann man verhindern, daß mehr Daten eingeschrieben werden als die Schnittstelle verarbeiten kann.

3.2 Pascal-Prozeduren zur Datenübertragung

Listing 3 zeigt die vollständigen Prozeduren für die Verwendung der seriellen Schnittstelle des PC in Turbo-Pascal. Man sollte sie zusammen als Includefile oder Unit auf der Arbeitsdiskette anlegen und in die einzelnen Anwendungsprogramme einbinden.

```
PROGRAM Ausgabe;

uses CRT;
var
  Wert       :    Byte;
  Ch         :    Char;

procedure Oeffnen;
   var  Wert : Byte;
   begin
     Port [$3FB]:=128;              { Baudeingabe aktivieren      }
     Port [$3F8]:= 96;              { Baudrate - LSB, 1200 Baud }
     Port [$3F9]:=  0;              { Baudrate - MSB              }
     Port [$3FB]:=  3;              { 8 Bits, No Parity, 1 Stop }
     Port [$3FC]:=  3;              { DTR = 1, RTS = 1            }
     Wert := Port [$3F8]            { Empfangsregister leeren     }
   end;

procedure Schliessen;
   begin
     Port [$3FC]:=  0;              { DTR = 0, CTS = 0            }
   end;

procedure Senden  ( Wert : Byte );
   begin
     repeat
     until Port [$3FD] and 32 = 32;       { Abfrage, ob Sendepuffer leer }
     Port [$3F8]:= (Wert);                { Byte an Sendepuffer ausgeben }
   end;

procedure Empfangen ( var Wert : Byte );
   begin
     repeat until (Keypressed or
     ((Port [$3FD] and 1) = 1));         { Abfrage, ob Zeichen empfangen }
     Wert := Port [$3F8];                { Byte vom Empfangspuffer lesen }
   end;

begin
   Oeffnen;
   Ch := ReadKey;
   Wert := Integer (Ch);
   Senden (Wert);
   Schliessen
end.
```

Listing 3 Die RS232-Prozeduren in Turbo-Pascal sollen in dem Unit „RS232.TPU" zusammengefaßt werden. Das kleine Hauptprogramm demonstriert ihre Verwendung

Die Prozedur „Oeffnen“ entspricht in ihrer Wirkungsweise dem OPEN-Befehl in Basic. Zunächst muß die Übertragungsrate einprogrammiert werden. Sie soll hier 1200 Baud betragen. Nachdem das höchstwertige Bit des Leitungs-Steuerregisters in 3FB gesetzt ist, können die Baudratenregister geladen werden. Gleichzeitig mit dem Festlegen weiterer Parameter der Schnittstelle werden die Baudratenregister verriegelt, indem Bit 7 des Leitungs-Steuerregisters zurückgesetzt wird. Bits 0 und 1 stellen die Datenbreite 8 Bit ein, Bit 2 das einfache Stopbit. Zusammen ergibt sich der eingeschriebene Wert 3 für das Leitungs-Steuerregister. Als letztes wird noch das Modem- Steuerregister mit dem Wert 3 geladen. Damit werden die Leitungen RTS und DTR an der Schnittstelle des PC hochgesetzt. Da nicht ganz auszuschließen ist, daß das Empfangs-Halteregister noch ein Byte enthält, wird es ausgelesen und in die nicht weiter ausgewertete Variable „Wert“ übergeben.

Die Prozedur „Schliessen“ dient zur Beendigung der Datenübertragung. Alle eingestellten Parameter des 8250 dürfen beibehalten werden. Es ist lediglich nötig, das Modem-Steuerregister auf Null zu setzen. Damit werden die Leitungen RTS und DTR zurückgesetzt, um einem angeschlossenen Gerät das Ende des Datenaustauschs anzuzeigen.

Die Prozedur „Senden“ erhält ein auszusendendes Byte in der Variablen „Wert“. Um es zu senden, muß es in das Sende-Halteregister geschrieben werden. Der Schreibvorgang selbst startet den seriellen Sender. Damit aber erst dann ein Byte eingeschrieben wird, wenn das Register leer ist, das letzte Byte also verarbeitet ist, wird zuvor das Leitungs-Statusregister so lange abgefragt, bis das Bit 5 (Wertigkeit 32) gesetzt ist und damit die Bereitschaft zur neuen Datenaufnahme signalisiert.

Ganz ähnlich geht die Prozedur „Empfangen“ vor. Erst wenn in einer Abfrageschleife das Bit 0 des Leitungs-Statusregisters als gesetzt erkannt wird, liegt ein empfangenes Zeichen im Empfangs-Halteregister vor. Dieses wird dann ausgelesen und der Variablen „Wert“ zugewiesen.

Die vorgestellten Prozeduren sind nicht so leistungsfähig wie die entsprechenden Basic-Befehle zur seriellen Schnittstelle. Zum einen fehlt ein Datenpuffer, zum anderen können immer nur einzelne Bytes, nicht aber ganze Strings verarbeitet werden. Speziell für die Anforderungen beim Messen, Steuern und Regeln sind sie aber sehr gut geeignet. Da prinzipiell nur einzelne Bytes in genau bekannten Sequenzen übertragen werden müssen, bieten sie eine vereinfachte Handhabung.

Das kleine Hauptprogramm demonstriert die Verwendung der Prozeduren „Oeffnen“, „Senden“ und „Schließen“. Es überträgt ein einzelnes Zeichen von der Tastatur über die Schnittstelle z. B. zu einem Drucker. Da die Prozedur „Senden“ nur Bytes verarbeitet, wird das von der Tastatur gelesene ASCII-Zeichen mit der Funktion INTEGER in den Zahlenwert des Zeichens umgesetzt. Der Drucker interpretiert es wieder als Textzeichen.

3.3 Leitungstreiber und -empfänger

Während heute digitale Schaltungen meist mit einer einfachen Betriebsspannung von +5 V arbeiten, wobei die Ausgangspegel 0 und 5 V betragen, sind für die Übertragungsstrecken der RS232-Schnittstelle Pegel von +15 V und –15 V vereinbart. Die Daten auf den Leitungen RXD und TXD werden invertiert übertragen, –15 V entspricht also logisch 1 und +15 V logisch 0. Der Grund für die höheren Spannnungen liegt in der erhöhten Datensicherheit auch bei größeren Übertragungsstrecken und höheren Baudraten. So kann man etwa bei einer Kabellänge von 15 m noch sicher mit 19,2 kBaud arbeiten.

Die Norm schreibt vor, daß die Signalspannung am Eingang des Empfängers noch mindestens ±3 V betragen muß. Das Übertragungskabel darf also erhebliche Pegelverluste mit sich bringen. Da ein längeres Kabel über eine erhöhte Kapazität verfügt, stellt es eine nicht zu vernachlässigende Belastung des seriellen Senders dar. Die Verwendung relativ hoher Spannungen am Ausgang hilft beim schnellen Umladen der Kabelkapazität. Darüberhinaus fallen bei großen Signalpegeln eventuell eingestreute Störungen weniger ins Gewicht.

Der IBM-PC und kompatible Geräte verwenden die üblichen Leitungstreiber 1488 (= 75188) und Leitungsempfänger 1489 (= 75189), deren Eigenschaften genau auf die Norm der RS232-Übertragungsstrecke zugeschnitten sind. Allerdings arbeitet man hier nicht mit ±15 V, sondern nur mit ±12 V. *Abb. 3.1* zeigt den vereinfacht dargestellten inneren Aufbau und die Anschlußbelegung dieser Bausteine. Man kann ihre Funktion kurz als invertierende Pegelwandler zwischen 5-V-CMOS- bzw. TTL-Pegel und dem ±12-V-RS232-Pegel beschreiben. Neben den Datenleitungen RXD und TXD werden auch alle Steuerleitungen auf Normpegel gebracht. Nach der Norm sollen alle über die RS232 angeschlossenen Geräte ebenfalls über solche Pegelwandler verfügen.

Der vierfache Leitungstreiber 1488 invertiert bis zu vier logische Signale und setzt sie auf die höheren Pegel. Drei der vier Treiber sind als NAND-Gatter ausgeführt, einer als einfacher Inverter. Der Ausgang ist auf ±10 mA strombegrenzt. Dies führt automatisch zu einer relativ geringen Flankensteilheit und damit zur Vermeidung von Funkstörungen auch bei nicht abgeschirmten Kabeln. Außerdem sind die Ausgänge fast unzerstörbar. Sie sind absolut kurzschlußfest, und auch die direkte Verbindung zweier Ausgänge mit entge-

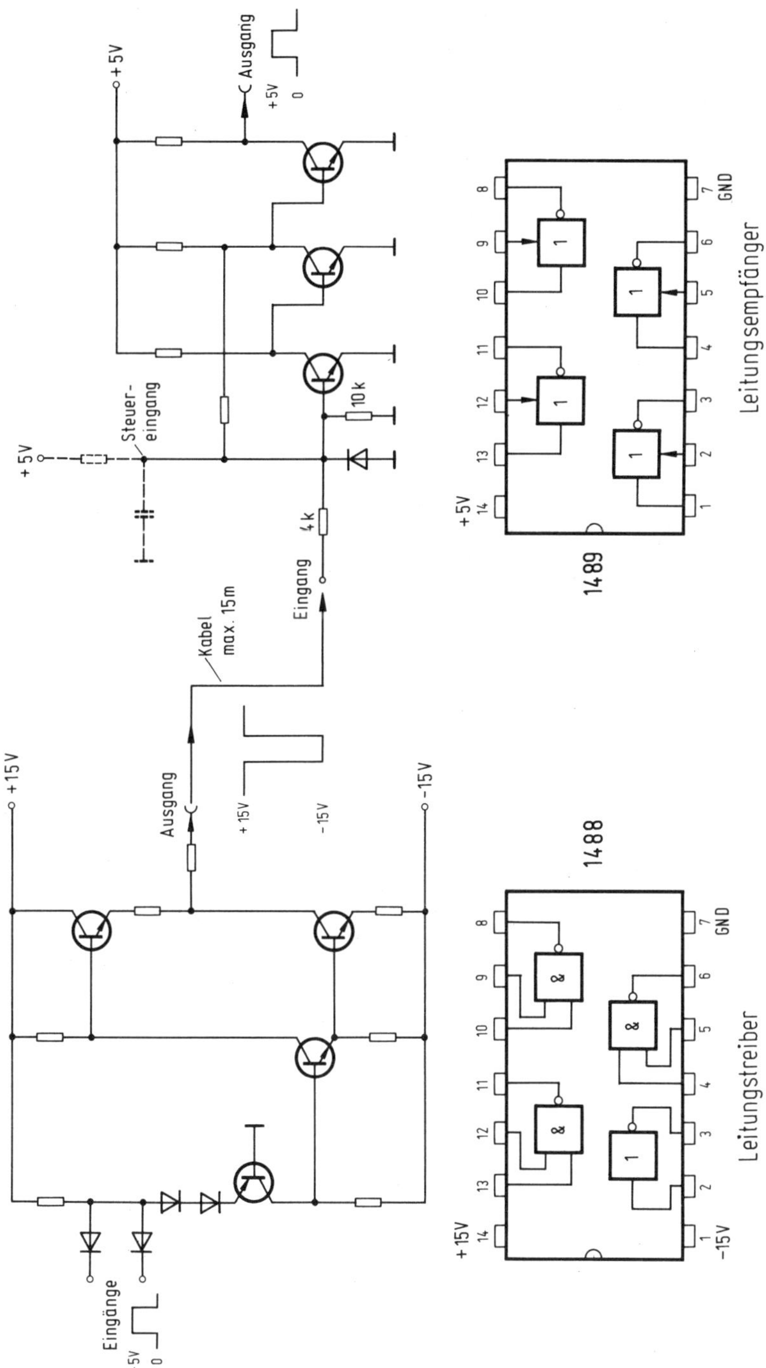

Abb. 3.1 Der Leitungstreiber 1488 und der Leitungsempfänger 1489 werden im IBM-PC und in vielen anderen Geräten eingesetzt

gengesetzten Pegeln kann nicht zu Schäden führen. Daher sind Fehler beim Aufbau einer Datenverbindung verzeihlich.

Der vierfache invertierende Leitungsempfänger 1489 bringt die Signale auf die üblichen 5-V-Pegel zurück. Jeder Empfänger besteht praktisch aus einem einfachen dreistufigen Schaltverstärker mit geschütztem Eingang. Eine Rückkopplung vom Ausgang der zweiten Stufe führt zu einer geringfügigen Schalthysterese. Während ein Eingangspegel von 1,25 V als High anerkannt wird, muß die Spannung bis auf ca. 1 V sinken, um als Low zu gelten. Spannungen zwischen diesen Eckpegeln führen zu keiner Änderung des Zustands. Ein offener Eingang erscheint in jedem Fall als Low. Über einen zusätzlichen Steuereingang kann man das Übertragungsverhalten ändern. Ein Kondensator von z. B. 220 pF gegen Masse flacht die ankommenden Impulsflanken ab, so daß höherfrequente Impulsstörungen unschädlich gemacht werden.

Der Steuereingang kann auch benutzt werden, um den Eingang über einen Widerstand zur positiven Betriebsspannung vorzuspannen. Damit erscheint ein offener Eingang als High, und der Umschaltpegel wird in den negativen Bereich verschoben. Diese Methode wird manchmal angewandt, um unterschiedliche Kabelversionen und Ansteuerungsarten für eine Schnittstelle zuzulassen. Ein nicht benutzter Eingang CTS kann dann einfach offen bleiben, was als Dauer-Sendeerlaubnis gilt.

Die Schaltung des Leitungsempfängers zeigt deutlich, daß er nicht nur mit den Normpegeln von ±12 V bzw. ±15 V arbeiten kann, sondern auch mit geringeren Eingangsspannungen auskommt. Insbesondere ist die direkte Ansteuerung mit 5-V-CMOS- oder TTL-Pegeln durchaus möglich. Es reicht also, 0 V als Low-Pegel und +3,5 V…+5 V als High-Pegel zu verwenden. Das vereinfacht die Ansteuerung erheblich. Insbesondere kommt man so mit einer einfachen Betriebsspannung von +5 V aus. Umgekehrt kann auch der genormte Leitungstreiber mit seinem ±12-V-Pegel einen CMOS-Eingang ansteuern, wenn man vorher negative Spannungen abschneidet und die positive Spannung begrenzt. *Abb. 3.2* zeigt die Verbindung der Normschnittstelle mit CMOS-Bausteinen. Diese vereinfachte Ansteuerung bringt natürlich eine geringere Störsicherheit mit sich. In den meisten Fällen arbeitet man jedoch ohnehin mit relativ geringen Kabellängen bis zu 3 m und bei relativ geringen Störfeldern. Unter diesen Bedingungen kann man mit CMOS-Ansteuerung noch bis zu Übertragungsraten von 19,2 kBaud problemlos arbeiten.

3.4 Potentialtrennung

Das Arbeiten mit unterschiedlichsten Interfaces zum Messen, Steuern und Regeln erfordert zumindest in der Entwicklungs- und Testphase eine möglichst

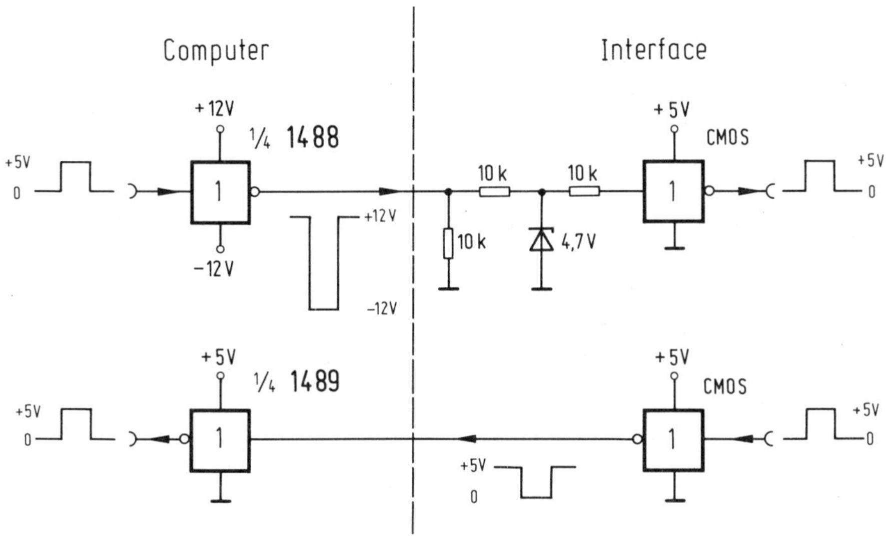

Abb. 3.2 Abweichend von der Norm kann die RS232 auch mit CMOS-Bausteinen und 5-V-Pegeln betrieben werden. So läßt sich die doppelte Versorgungsspannung einsparen

flexible Verbindung zum Rechner. Man benötigt daher ein Übertragungskabel, das für alle Interfaces gleichermaßen benutzt werden kann. Für alle Fälle ausreichend sind fünf Leitungen: Masse, zwei Datenleitungen und zwei Handshake-Leitungen. Es genügt daher auf der Seite des Interfaces eine einfache Steckverbindung wie z. B. ein Pfostenstecker.

Die Bezeichnungen der Anschlüsse nach *Abb. 3.3* gehen von einem aktiven Interface aus, d. h. TXD bezeichnet den Anschluß, über den das Interface sendet. Dementsprechend wird TXD des Rechners mit RXD des Interfaces verbunden. Über CTS kann das Interface die Bereitschaft des Rechners erkennen, Daten aufzunehmen.

Die zweite Handshake-Leitung, also das Gegenstück zu CTS, wird hier mit RTS bezeichnet. Das Interface setzt die Leitung hoch, um die Bereitschaft zur Datenaufnahme anzuzeigen. Diese Funktion entspricht üblicherweise dem Anschluß DTR eines Rechners oder Druckers. In der Meßtechnik hat sich aber die Bezeichnung RTS eingebürgert. RTS ist im allgemeinen einfach an eine positive Spannung zu legen, um dem Rechner die Bereitschaft zur Datenaufnahme anzuzeigen. Da keines der Interfaces in diesem Buch mit einem Pufferspeicher arbeitet, wird RTS hier nie zur Unterbrechung des Datenstroms verwendet. Die Leitung hat zusätzlich ihre Funktion bei der Option einer Potentialtrennung, da hier die Betriebsspannung für die Optokoppler abgenommen werden kann.

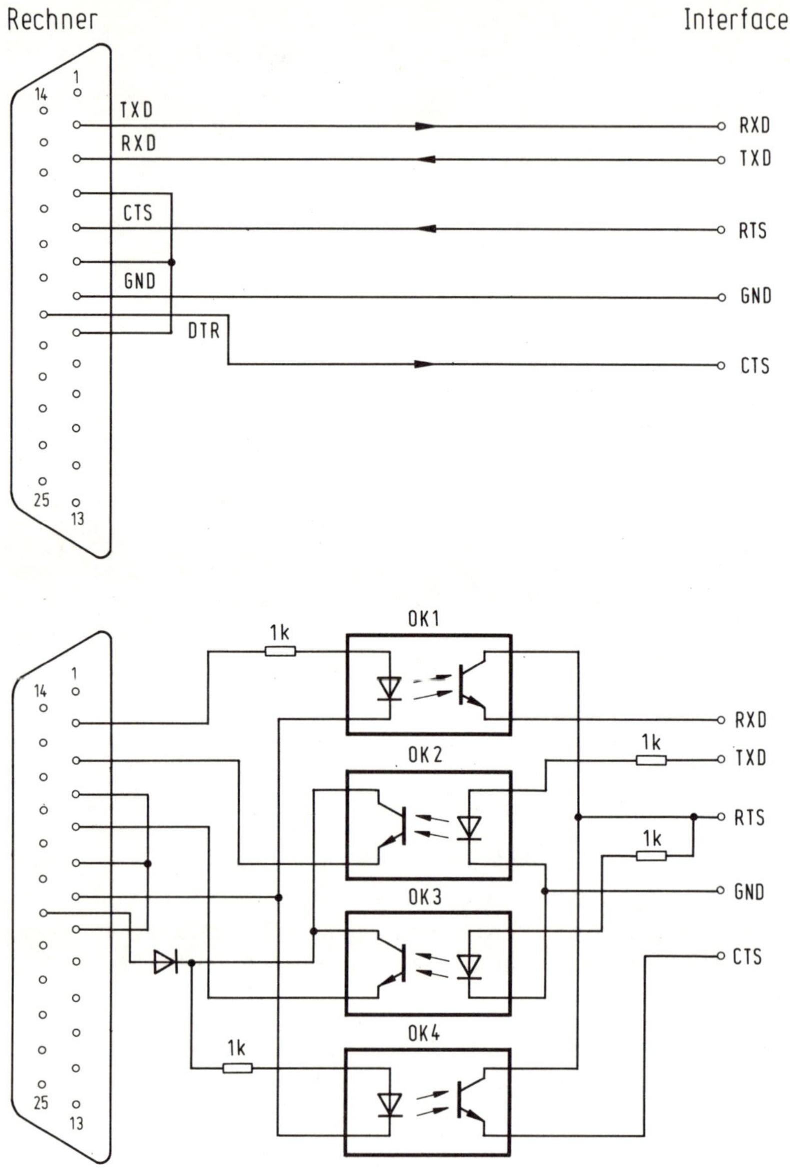

Abb. 3.3 Universelle Schnittstellenkabel für Meß-, Steuer- und Regel-Interfaces. Die Potentialtrennung über Optokoppler hält Störpegel vom Interface fern

Während die einfache Version des Verbindungskabels eine direkte Verbindung herstellt, leitet die zweite Version die Signale über Optokoppler. Damit erreicht man eine vollständige Potentialtrennung zwischen Rechner und Interface.

Beide Kabel sind zueinander kompatibel. Allerdings überträgt das potentialgetrennte Kabel nicht mehr die Normpegel von ±12 V, sondern gibt unipolare Signale aus. Es sollte daher bei hohen Baudraten nur mit einer geringeren Kabellänge verwendet werden.

Auf beiden Seiten steuern die Ausgabeleitungen über Vorwiderstände direkt die LEDs der Optokoppler an. Die Lichtempfänger erhalten ihre Betriebsspannung über den jeweiligen Handshake-Ausgang DTR bzw. RTS. Sie ziehen ihre Ausgänge aktiv hoch, so daß die zugehörigen Eingänge Eingangswiderstände gegen Masse benötigen. Dies ist beim Leitungsempfänger 1489 und bei der Eingangsschaltung nach Abb. 3.2 gegeben. Auf der Rechnerseite ist in die Leitung DTR eine Diode eingefügt, da hier im nicht geöffneten Zustand der Schnittstelle eine negative Spannung liegt, die höher als die erlaubte Sperrspannung der Optokoppler ist. Auf der Seite des Interfaces kann die Diode entfallen, da hier im allgemeinen nur mit unipolaren Leitungstreibern gearbeitet wird. Der Einsatz von Leitungstreibern mit Normpegeln wäre ein unnötiger Aufwand, da durch die Potentialtrennung negative Pegel beschnitten werden.

Die Potentialtrennung hat ihre besondere Bedeutung beim Anschluß empfindlicher Meßgeräte. Die meisten Rechner arbeiten heute mit Schaltnetzteilen und ohne eine Erdung. Dabei bilden sich hohe Störpegel bis zu etwa 100 V auf der Masseleitung. Das führt zu Einstreuungen in hochohmige Meßeingänge und zu Ausgleichsströmen auf der Masseleitung, wenn eine direkte Verbindung zu anderen Geräten hergestellt wird. Es kann sich sogar eine Gefährdung empfindlicher CMOS-Bausteine ergeben. Mit der gezeigten Potentialtrennung werden diese Probleme vermieden.

Man kann die Trennschaltung als ein Steckmodul aufbauen, das bei Bedarf in die Verbindungsleitung eingefügt wird. Die verwendeten Optokoppler sollen einen Übertragungsfaktor nahe 100 % haben. Der Einsatz von zweifachen Optokopplern im gemeinsamen Gehäuse ist möglich. Man darf aber beide Teile nur für die selbe Datenrichtung verwenden, da zwischen den gleichen Seiten der beiden Koppler keine ausreichende Trennung besteht. Aus diesem Grunde ist der Einsatz eines vierfachen Optokopplers nicht möglich.

4 RS232-Testgenerator

Abb. 4.1 zeigt die Schaltung eines einfachen Generators für serielle Signale. Er kann z. B. für Testzwecke oder auch als einfache Datenübertragungseinrichtung verwendet werden. Eine über acht Schalter eingestellte Binärzahl wird laufend als serielles Signal gesendet. Es können mit dieser Schaltung also 256 verschiedene Zahlenwerte übertragen werden. Man könnte diesen Zahlen bestimmte Nachrichten zuordnen. Hier wird die Schaltung aber hauptsächlich deshalb vorgestellt, weil sie die Abläufe in einem seriellen Sender verstehen hilft.

Der Testgenerator besteht aus zwei Hauptblöcken: dem Taktgenerator mit einem Timer 555 und dem Dezimalzähler 4017. Der Timer erzeugt ein Taktsignal von 1200 Hz. Zum Abgleich genügt ein einfacher Frequenzzähler oder auch ein Oszilloskop, da eine Genauigkeit von ca. 3 % ausreichend ist. Der

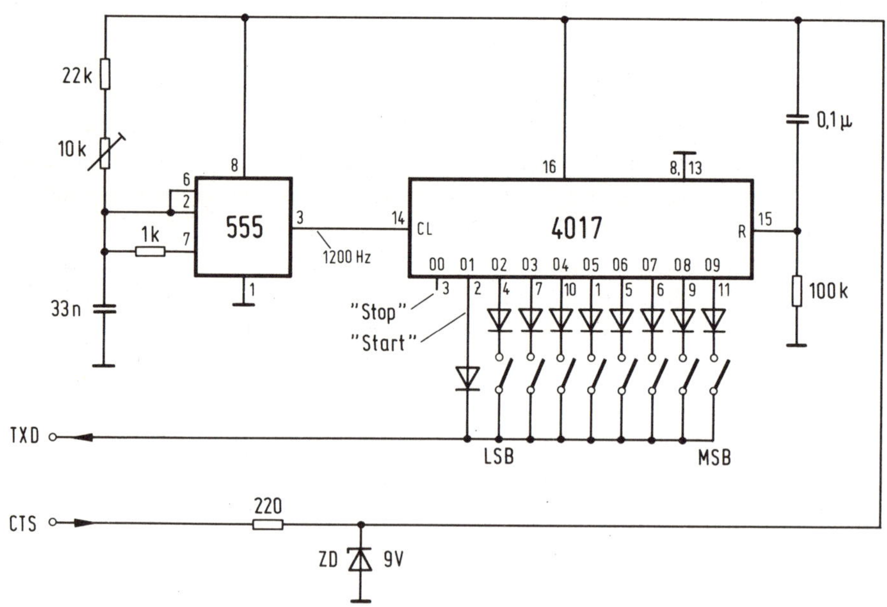

Abb. 4.1 Der RS232-Testgenerator überträgt den binären Zustand der Schalter als Zahlenwert

Dezimalzähler 4017 zählt mit jedem Takt eine Stelle weiter, wobei jedesmal der folgende der zehn Ausgänge hochgeschaltet wird. Jeder Ausgang, der über eine Diode mit der Datenleitung TXD verbunden ist, erzeugt einen High-Pegel auf der Datenleitung.

Der Ausgang O0 ist nicht verbunden, erzeugt also niemals ein Ausgangssignal. Damit ist er dem Stopbit zugeordnet. Ausgang O1 erzeugt in jedem Fall einen High-Pegel als Startbit. Die folgenden acht Ausgänge sind den acht Datenbits zugeordnet. Ob sie gesetzt werden, hängt vom Zustand der Schalter ab. Jeder geschlossene Schalter überträgt ein logisches Bit mit dem Wert Null, da für die Datenleitung invertierte Signale vereinbart sind. Ist der Schalter am Ausgang O3 geöffnet, wird hier als erstes ein Low-Signal nach dem Startbit das niedrigstwertige Bit des zu übertragenden Bytes mit der Wertigkeit 1 übertragen. Entsprechend ist der letzte Ausgang O9 dem höchstwertigen Bit mit der Wertigkeit 128 zugeordnet. Danach springt der Zähler wieder auf O0 zurück und erzeugt damit das Stopbit. So wird 120mal in der Sekunde ein komplettes Byte übertragen.

Die Schaltung verzichtet völlig auf eine eigene Spannungsquelle. Der Eingang CTS dient nämlich zur Stromversorgung des gesamten Testgenerators. Vom PC kommt hier mit dem Öffnen der Schnittstelle ein High-Pegel von +12 V. Da die Schaltung sehr sparsam arbeitet, kann von CTS eine Betriebsspannung von 9 V abgeleitet werden. Der Reset-Eingang des Dezimalzählers erhält beim Einschalten dieser Spannung einen Impuls, so daß die serielle Sendung auf jeden Fall mit einem Stopbit (Zustand O0 des Zählers) beginnt.

Es ist aufschlußreich, das Ausgangssignal dieser Schaltung am Oszilloskop zu betrachten (Vgl. *Abb. 4.2*). Man erkennt die feste Position von Start- und Stopbit und die Zuordnung der Datenbits zu zeitlich hintereinander angeordneten Impulsen. Da die Schaltung bis zum nächsten Betätigen eines Schalters immer gleichbleibende Daten überträgt, ist die Interpretation des Signals leicht.

Das folgende kurze Basicprogramm empfängt die gesendeten Daten des Testgenerators und stellt sie am Bildschirm dar. In Zeile 10 wird zunächst die Schnittstelle geöffnet. Die eingestellten Parameter sind dabei: 1200 Baud, kein Paritätsbit, 8 Datenbits und ein Stopbit. Mit dem Öffnen der Schnittstelle wird automatisch die Leitung DTR der PC-Schnittstelle hochgesetzt, die ja über das Schnittstellenkabel mit CTS des Testgenerators verbunden ist. Damit wird die Betriebsspannung des seriellen Senders eingeschaltet, und er beginnt mit der Sendung von Daten.

Zeile 20 liest jeweils einen String von 10 Zeichen von der Schnittstelle. Sie werden hier als ASCII-Zeichen, also als Buchstaben, Ziffern usw. interpretiert.

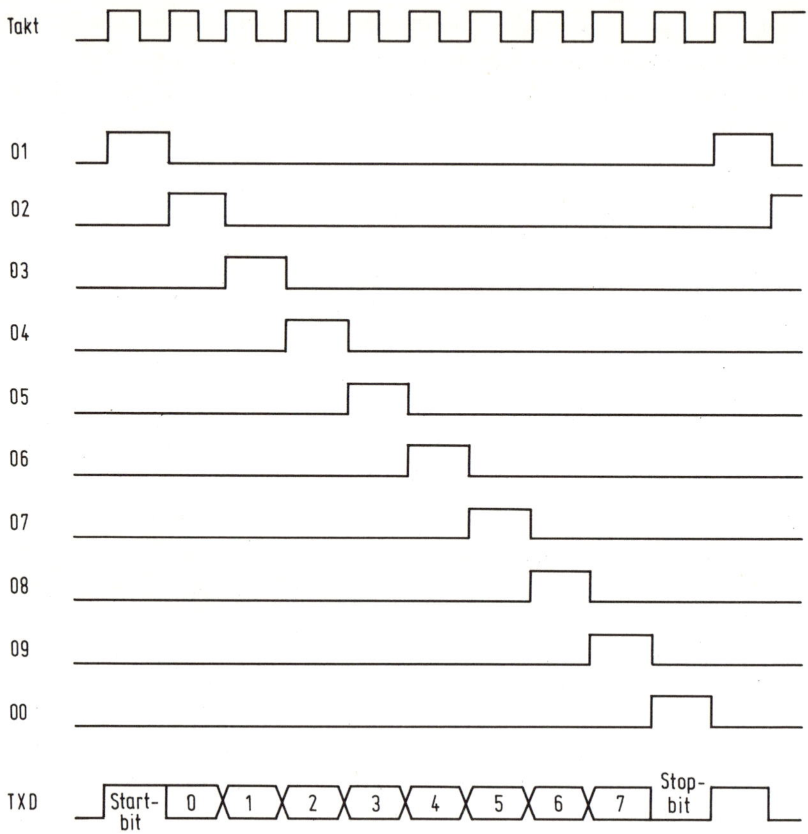

Abb. 4.2 Impulsdiagramm des Testgenerators. Je nach Schalterstellung werden die Zustände der Zählerausgänge auf die Leitung TXD übertragen

Die Funktion ASC in Zeile 30 wandelt das erste Zeichen in einen Zahlenwert zwischen 0 und 255 zurück, der dann am Bildschirm ausgegeben wird.

```
10 OPEN „COM1:1200,N,8,1" AS #2
20 B$ = INPUT$ (10,#2)
30 PRINT ASC (B$);
50 GOTO 20
```

Es überrascht vielleicht zunächst, daß zehn Zeichen zusammen eingelesen werden, obwohl in Zeile 30 jeweils nur das erste Zeichen verarbeitet wird. Die restlichen neun Zeichen gehen verloren. Das ist aber in diesem Fall gerechtfertigt. Die Datenübertragungsrate ist mit 1200 Baud oder 120 Zeichen pro Sekunde zu hoch für das Basicprogramm, wenn alle Zeichen einzeln ausgelesen und verarbeitet werden. Da Basic mit einem Kommunikationspuffer für die RS232-Schnittstelle arbeitet, werden hier immer mehr Zeichen gesammelt. Schon nach kurzer Zeit hinkt das Programm so stark hinterher, daß eine Änderung an den Schaltern des Testgenerators erst verzögert am Bildschirm sichtbar wird. Werden z. B. jeweils drei Zeichen auf einmal aus dem Puffer gelesen, dann kann das Basicprogramm dem Datenstrom schon folgen. Aber das Auge des Betrachters ist immer noch überfordert. Mit zehn Zeichen pro Lesevorgang werden nun genau zwölf Zahlen in der Sekunde auf den Bildschirm geschrieben, was angenehmer ist.

Listing 4 zeigt ein Pascal-Empfangsprogramm für den Testgenerator. Es demonstriert die Verwendung der Prozedur „Empfangen“ (vgl. Listing 3). Außerdem wird hier im Vergleich zum vorherigen Basicprogramm eine verbesserte Bildschirmausgabe gezeigt.

Das Programm beginnt mit dem Öffnen der Schnittstelle. Die Parameter liegen dabei fest und entsprechen denen des Basic-Programms. Der Testgenerator beginnt die Aussendung mit dem Öffnen, da hier die Betriebsspannung einge-

```
program Empfang;
uses CRT, RS232;

var
Wert, Alt :     Byte;
Ch        :     Char;

begin;
   Oeffnen;
   ClrScr;
   Textmode (0);
   write (' Abbrechen mit Leertaste ');
   GotoXY (1,10);
   Empfangen ( Wert );
   write ('  ',Wert,'   ');
   Alt:=Wert;
   repeat
     gotoXY (1,10);
     Empfangen ( Wert );
     if not (Alt=Wert) then write  ('  ',Wert,'   ');
     Alt:=Wert;
   until KeyPressed;
   Schliessen;
end.
```

Listing 4 Pascal-Empfangsprogramm für seriell übertragene Zeichen

schaltet wird. Die Prozedur „Empfangen (Wert)“ liefert jeweils ein Zeichen in Form eines Zahlenwertes zwischen 0 und 255, der am Bildschirm ausgegeben werden kann.

Das gelesene Byte wird nun der Variablen „Alt“ zugewiesen, damit immer festgestellt werden kann, ob sich bei den übertragenen Daten eine Änderung zeigt. Nur dann nämlich sollen sie auch neu ausgegeben werden. Damit erhält man eine ruhige Anzeige des empfangenen Zahlenwertes.

Das Programm kann durch Betätigung einer beliebigen Taste abgebrochen werden. Wird eine Tastenbetätigung erkannt, dann wird die Schnittstelle geschlossen und das Programm beendet.

5 Ein serieller Empfänger

Abb. 5.1 zeigt eine einfache Empfangsschaltung für serielle Signale mit 1200 Baud bei der üblichen Datenbreite von 8 Bit. Wenn man auch in der Praxis meist integrierte UARTs wie z. B. den AY3-1015 als Empfänger einsetzen wird, so hat auch eine selbst aufgebaute Schaltung ihre Vorteile: Wenn nur Daten empfangen, nicht aber gesendet werden sollen, ist der Aufwand mit dieser Schaltung geringer. Darüber hinaus ergibt sich hier durch den Einsatz von CMOS-Bausteinen ein sehr geringer Stromverbrauch. Besonders eignet sich die Schaltung aber für Studienzwecke, da die recht komplizierten Abläufe in einem seriellen Empfänger noch überschaubar sind.

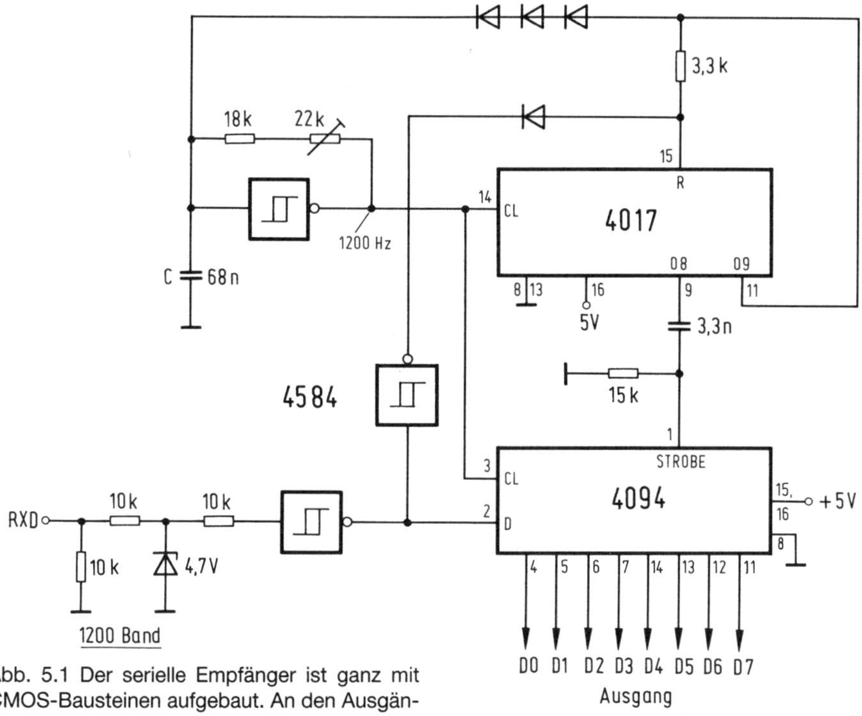

Abb. 5.1 Der serielle Empfänger ist ganz mit CMOS-Bausteinen aufgebaut. An den Ausgängen D0 bis D7 stehen die empfangenen Daten parallel zur Verfügung

Die Schaltung besteht aus den drei Hauptblöcken Taktgenerator, Schieberegister und Steuerlogik. Die über die Leitung RXD gesendeten Daten werden im Schieberegister 4094 gesammelt und nach beendeter Übertragung des Bytes auf den Ausgang durchgeschaltet. Der notwendige Schiebetakt wird vom Taktgenerator geliefert. Während des Stopbits wird der Taktgenerator angehalten, um mit dem Eintreffen des nächsten Startbits neu zu starten. Der Dezimalzähler 4017 übernimmt die Ablaufsteuerung, wobei die übertragenen Bits mitgezählt werden.

Mit dem Einschalten der Empfangsschaltung ohne ein Eingangssignal beginnt der Taktgenerator zu schwingen. Seine Impulse werden sowohl dem Schieberegister als auch dem Dezimalzähler zugeführt. Nach wenigen Impulsen erreicht der Zähler den Zustand 9, d. h. Ausgang O9 geht hoch. Dabei wird der Taktgenerator über drei Dioden angehalten, indem dem Ladekondensator C eine Spannung von über 3 V aufgezwungen wird. Gleichzeitig wird über einen 3,3-kΩ-Widerstand ein Zähler-Reset mit dem nächsten Startbit vorbereitet. Während des Stopbits wird der Reset-Eingang des Zählers über eine Diode auf niedrigem Pegel gehalten.

Mit der steigenden Flanke eines Impulses an RXD (Startbit) erfolgt ein Reset des Dezimalzählers, er geht also in den Zustand 0. Damit wird auch die Sperre des Taktgenerators aufgehoben. Er liefert nun den erforderlichen Takt, um die folgenden Datenbits in das Schieberegister zu übernehmen. Beim achten Taktimpuls wird über den Ausgang O8 des Dezimalzählers ein Strobe-Impuls erzeugt, der die Übernahme der empfangenen Daten ins Ausgaberegister des 4094 veranlaßt. Daß sie danach noch einmal weitergeschoben werden, spielt für den Ausgang keine Rolle. Am Ausgang stehen damit immer feste Daten, gleichgültig, ob gerade neue Daten ins Schieberegister gelangen oder nicht. Mit dem neunten Impuls wird schließlich wieder die Stop-Position erreicht.

Der Taktgenerator ist mit einem Schmitt-Trigger-Inverter des 4584 aufgebaut. Im freilaufenden Betrieb lädt sich der zeitbestimmende Kondensator C immer wieder zwischen den Triggerpegeln auf und ab. Jede positive Flanke des Taktsignals steuert die Übernahme eines Datenbits. Während des Stopbits wird C auf einer höheren Spannung festgehalten. Deshalb benötigt der erste Impuls eine etwas längere Zeit als die folgenden. So verzögert sich der erste Taktimpuls um etwa 1,5 Bitlängen. Dies ist wichtig, da alle Daten möglichst in der Mitte jeder Bitlänge übernommen werden sollten.

Abb. 5.2 zeigt ein Ablaufdiagramm für den Empfang eines Bytes. Hier ist die Verzögerung des ersten Taktimpulses deutlich zu erkennen.

Die seriellen Daten werden grundsätzlich in negativer Logik gesendet und gelangen nach einer einfachen Invertierung an den Dateneingang des Schiebe-

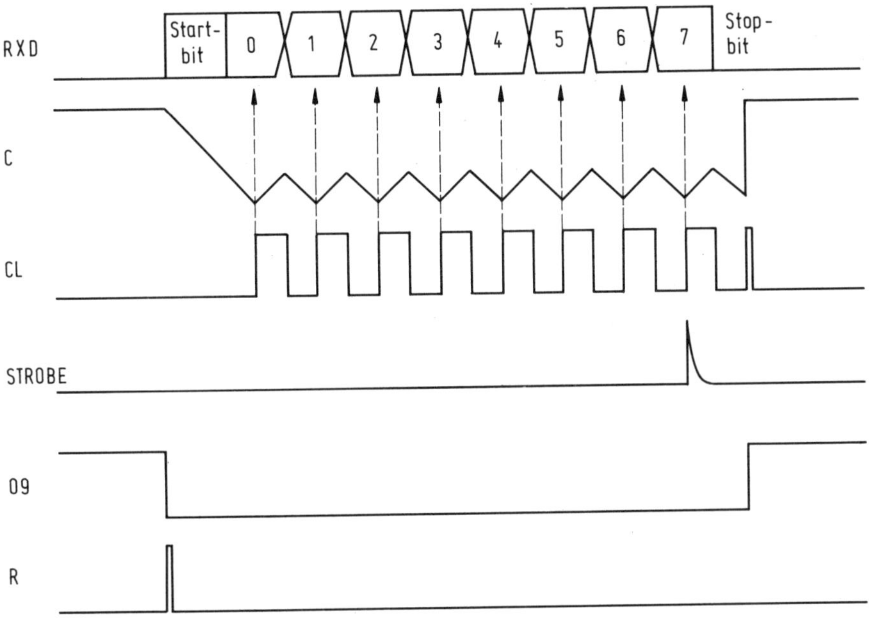

Abb. 5.2 Ablaufdiagramm für den Empfang eines Zeichens. Mit jeder positiven Flanke des Taktsignals CL wird ein Bit in das Schieberegister übernommen

registers. Es ist nicht unbedingt erforderlich, die Daten über einen Schmitt-Trigger zu schicken, da die zeitliche Abtastung der Daten nicht auf besonders gute Impulsflanken des Eingangssignals angewiesen ist. Dieser Inverter wurde hier verwendet, weil der 4584 gleichzeitig auch als Taktgenerator eingesetzt werden kann.

Nach dem Aufbau der Schaltung muß zunächst der Taktgenerator auf die richtige Frequenz eingestellt werden. Dazu läßt man am besten noch die Dioden weg. Zum Abgleich kann mit einem Frequenzzähler auf 1200 Hz oder mit einem Oszilloskop auf 833 µs eingestellt werden. Aus dem Impulsdiagramm ist zu erkennen, daß auch mit geringen Abweichungen von einigen Prozent noch eine einwandfreie Funktion möglich ist.

Zur Überprüfung der Funktion der Schaltung ist es sinnvoll, acht Leuchtdioden mit geeigneten Vorwiderständen von z. B. 1 kΩ an die Ausgänge zu legen. Die Ausgabeprogramme in *Listing 5* ermöglichen die Übertragung beliebiger Zahlenwerte bzw. Bitmuster.

```
program Einzelzeichenausgabe;
uses CRT, RS232;

var Wert:    Byte;

begin
  Oeffnen;
  writeln ('bitte Wert eingeben');
  writeln ('Abbruch mit Wert = 0');
  repeat
    read (Wert);
    Senden (Wert);
  until Wert = 0
end.
```

```
100 REM Ausgabe von Zahlenwerten
110 OPEN "COM1:1200,N,8,1" FOR OUTPUT AS #1
120 INPUT A
130 PRINT#1, CHR$(A);
140 GOTO 120
```

Listing 5 Programme zur Ausgabe einzelner Bytes in Pascal und Basic

5.1 Schaltausgänge

Der serielle Empfänger kann dazu eingesetzt werden, bis zu acht Verbraucher unabhängig voneinander einzuschalten. Je nach Leistung und Arbeitsspannung wird man Leistungsschalter mit Transistoren, Triacs oder mit Relais aufbauen. Jedes Datenbit ist einem Verbraucher zugeordnet, die 256 möglichen Bytes entsprechen den möglichen Schaltkombinationen. Anwendungen sind z. B. Schaltuhren oder speicherprogrammierbare Maschinensteuerungen.

Eine verbreitete Anwendung paralleler Datenports stellt die Ansteuerung von Schrittmotoren dar. *Abb. 5.3* zeigt den Anschluß eines bipolaren Schrittmotors kleinerer Leistung. Man kommt dabei mit einer einfachen Betriebsspannung und relativ geringem Bauteileaufwand aus. Es ist kein Halbschritt-Betrieb möglich, dafür braucht ein Motor auch nur zwei Datenleitungen, so daß noch sechs Leitungen für andere Steuerungen übrigbleiben oder insgesamt vier Motoren gesteuert werden könnten.

Das Prinzip der Schrittmotoren beruht darauf, daß mehrere (in diesem Fall zwei) Magnetspulen um einen bestimmten Winkel zueinander versetzt auf

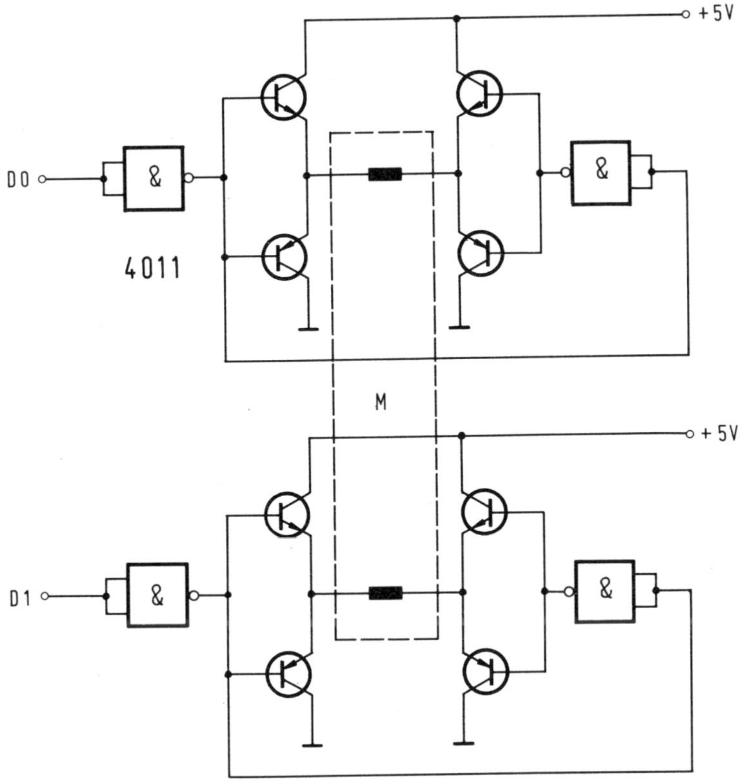

Abb. 5.3 Ansteuerung eines Schrittmotors kleinerer Leistung über zwei Ausgangsleitungen des seriellen Empfängers

drehbar gelagerte Magnete wirken. Bei der hier gezeigten einfachen Ansteuerung sind immer beide Spulen stromdurchflossen, wobei die Richtung umgepolt werden kann. Es gibt vier mögliche Kombinationen, die als Binärzahlen 00 bis 11 dargestellt werden können. Zu jedem Zustand gehört eine stabile Stellung des Ankers. Werden die vier Zustände in der richtigen Reihenfolge nacheinander durchlaufen, dann ist eine kontrollierte Drehung des Ankers in jeder Richtung möglich. In *Abb. 5.4* ist die Bitkombination für jeden erreichbaren Winkel angegeben. Die verwendeten Motoren haben einen Schrittwinkel von 18°.

Ein Programm zur Steuerung von zwei Motoren zeigt *Listing 6*. Hier werden die anzufahrenden Stellungen durch Zahlenwerte repräsentiert, die beliebige Werte annehmen dürfen und z. B. X- und Y-Koordinaten eines Linearantriebs entsprechen.

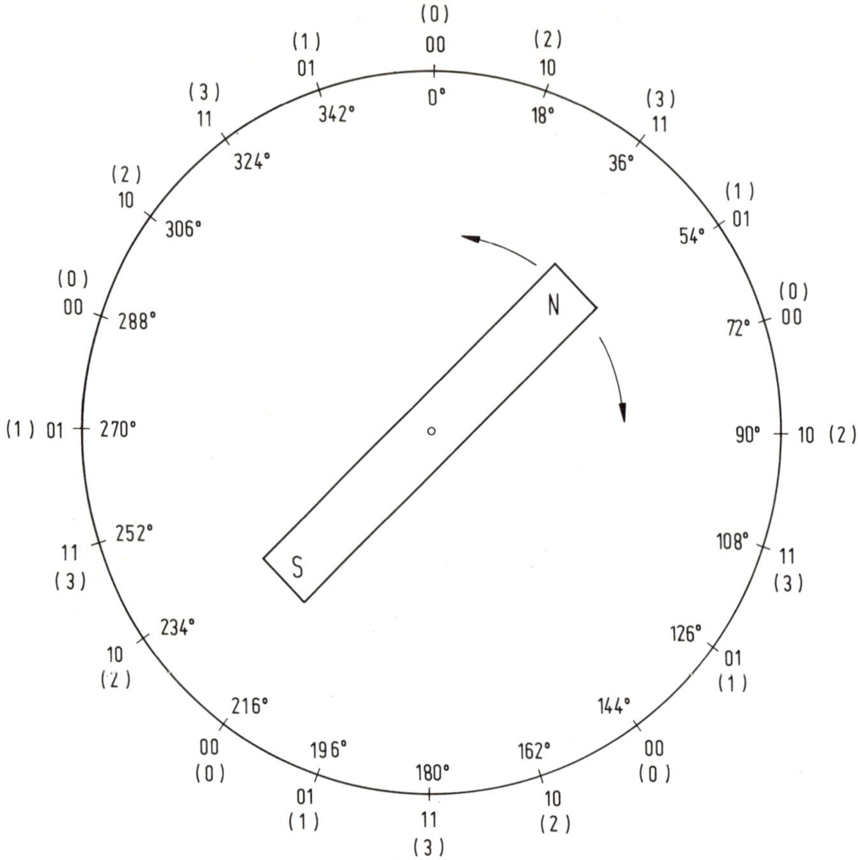

Abb. 5.4 Die Drehung des Schrittmotorankers wird über die Stromrichtung 0 und 1 in beiden Spulen des Motors gesteuert

```
10 REM Schrittmotorsteuerung
20 B(0)=0: B(1)=2: B(2)=3: B(3)=1
30 OPEN "COM1:1200,N,8,1" FOR OUTPUT AS #1
40 INPUT "Koordinaten X, Y"; X, Y
50 GOSUB 100
60 GOTO 40
100 REM ******* Ausgabe *******
110 IF U < X THEN U=U+1
120 IF U > X THEN U=U-1
130 IF V < Y THEN V=V+1
140 IF V > Y THEN V=V-1
150 S=U MOD 4 : T=V MOD 4
160 A=B(S) + 4*B(T)
170 PRINT#1, CHR$(A);
180 IF V=Y AND U=X THEN RETURN
190 FOR N=1 TO 10: NEXT N
200 GOTO 110
```

Listing 6
Steuerprogramm für zwei Schrittmotoren

5.2 D/A-Wandler

Oft benötigt man analoge Ausgangsspannungen, die vom Computer eingestellt werden können. Über D/A-Wandler lassen sich die parallelen digitalen Daten in Analogwerte umsetzen. Dabei kann z. B. ein Schritt der digital übertragenen Zahl einer Änderung der Ausgangsspannung von 10 mV entsprechen. Bei einer Datenbreite von 8 Bit reicht der Spannungsbereich dann von 0 V bis 2,55 V. Die Schrittweite entspricht etwa 0,4% vom Endwert, so daß die Spannung für viele Anwendungen schon als kontinuierlich einstellbar angesehen werden kann.

Es gibt ganz unterschiedliche Verfahren der D/A-Wandlung. Sehr verbreitet ist das sogenannte R-2R-Netzwerk, mit dem sich leicht ein einfacher Wandler aufbauen läßt (vgl. *Abb. 5.5*). Das Netzwerk kann direkt an die acht Datenausgänge des seriellen Empfängers angeschlossen werden. Für den praktischen Einsatz benötigt man einen Pufferverstärker. Die Ausgangsspannung reicht von 0 V bis nahe an die Betriebsspannung des seriellen Empfängers (5 V).
Die Funktion des Wandlers kann man sich mit hintereinandergeschalteten Spannungsteilern verdeutlichen. Der höchstwertige Datenausgang D7 kann eine Spannung von 5 V ausgeben. Der Pufferverstärker erhält aber nur ein durch zwei geteiltes Signal, da praktisch ein Spannungsteiler mit zwei gleichen Widerständen aufgebaut ist. Das gesamte Netzwerk hat nämlich wie der Widerstand zu D7 einen Widerstand von 200 kΩ. Der Zustand an D7 ändert die Ausgangsspannung also nur um 2,5 V. Eine Änderung an D6 wirkt sich mit 1,25 V nur halb so groß aus, da die Spannung nun zwei mal geteilt wird. So ist der Einfluß des nächst kleineren Datenausgangs stets halbiert. D0 wirkt sich also nur noch mit ca. 20 mV aus. Die Wertigkeit jedes Ausgangs entspricht damit genau seinem Beitrag zur Ausgangsspannung, und die Ausgangsspannung ist proportional zum Wert des digitalen Datenworts.

So einfach das Prinzip des Wandlers auch erscheint, gibt es doch viele mögliche Fehlerquellen, die die korrekte Funktion beeinflussen können. Die eingesetzten Widerstände müssen genau zueinander passen. Fehler von nur 1 % beim

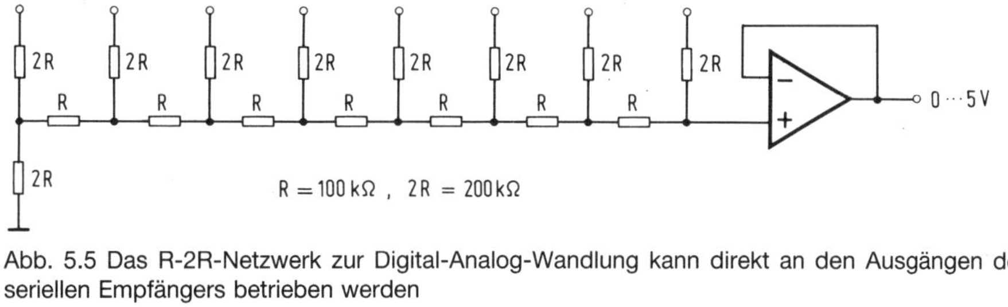

Abb. 5.5 Das R-2R-Netzwerk zur Digital-Analog-Wandlung kann direkt an den Ausgängen des seriellen Empfängers betrieben werden

Spannungsteiler des Ausgangs D7 können schon nicht-stetige Spannungssprünge bewirken, da dann der Fehler größer erscheint als der Einfluß des niedrigstwertigen Bits. Man muß also ausgemessene Widerstände benutzen, wobei es günstig ist, die 200-kΩ-Widerstände aus zwei einzelnen 100-kΩ-Widerständen zusammenzusetzen. Dabei kommt man nämlich mit nur einem Widerstandswert aus, wodurch das Finden genau gleicher Widerstände erleichtert wird. Man sollte eine Paarungstoleranz von 0,1 % anstreben, wobei die ungenauesten Widerstände bei den niederwertigen Datenleitungen verwendet werden können.

Eine weitere Fehlerquelle sind die Innenwiderstände der CMOS-Schaltstufen an den Ausgängen des seriellen Empfängers. Sie liegen in der Größenordnung von einigen hundert Ohm und vergrößern damit den Betrag der 200-kΩ-Widerstände um bis zu etwa 0,3 %. Das gesamte Netzwerk muß relativ hochohmig ausgelegt werden, um diesen Fehler so gering wie möglich zu halten. Theoretisch könnte man den Betrag der Innenwiderstände bei der Dimensionierung des Netzwerks berücksichtigen. Sie sind allerdings bei allen CMOS-Bausteinen von Exemplar zu Exemplar verschieden und noch dazu Streuungen zwischen den Ausgangsstufen eines Bausteins unterworfen.

Trotz aller dieser Fehlerquellen ist es mit etwas Mühe möglich, einen Wandler selbst aufzubauen, der über den gesamten Spannungsbereich stetig ist. Für viele Anwendungen ist jedoch die erreichbare Auflösung und Genauigkeit gar nicht nötig. Dann kann man von vornherein z. B. nur 6 Bit wandeln, womit vierfach höhere Toleranzen erlaubt sind. Der serielle Empfänger ermöglicht auch den gleichzeitigen Betrieb zweier 4-Bit-Wandler. Mit 16 Abstufungen ist dabei z. B. die Steuerung von Gleichstrommotoren, Lampen oder Heizelementen denkbar.

Während der Aufbau eines eigenen D/A-Wandlers zu Studienzwecken recht lehrreich sein kann, ist der Einsatz industriell gefertigter Wandler wesentlich unproblematischer. Sie enthalten meist die erforderlichen Schaltstufen zusammen mit einem R-2R-Netzwerk. Durch geeignete Fertigungsprozesse werden sehr geringe Toleranzen möglich. Erst bei 12-Bit-Wandlern (4096 Schritte, 0,025 %) ist ein individueller Abgleich einzelner Widerstände erforderlich, was die Kosten erheblich erhöht. Ein preiswerter 8-Bit-Wandler ist der ZN426, dessen Anschluß in *Abb. 5.6* gezeigt wird. Er enthält zusätzlich eine hochgenaue Spannungsreferenz von 2,55 V, so daß die einzelnen Spannungsschritte genau 10 mV betragen. Der Baustein ist in TTL-Technik aufgebaut und kann direkt an den Datenausgang des seriellen Empfängers gelegt werden.

Listing 7 zeigt eine Pascal-Prozedur zur Ausgabe eines sinusförmigen Spannungsverlaufs über einen selbst aufgebauten D/A-Wandler oder über den ZN426. Die Frequenz der Ausgangsspannung ist im Bereich von 1 mHz bis 1 Hz einstellbar.

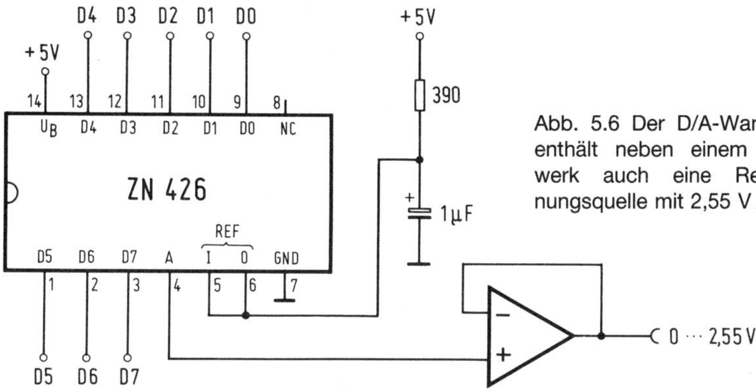

Abb. 5.6 Der D/A-Wandler ZN426 enthält neben einem R-2R-Netzwerk auch eine Referenzspannungsquelle mit 2,55 V

```
procedure SinusAusgabe (Frequenz : Integer);
var N, Wartezeit: Integer;  Spannung : Byte;
begin
  Wartezeit := 10000 div Frequenz;     { Frequenz in mHz }
  repeat
    Spannung := Lo ( Round ( 127.5 + 127.5 * sin (N/50 * Pi)));
    Senden (Spannung);
    Delay (Wartezeit);
    N := N + 1;
  until KeyPressed;
end;
```

Listing 7 Programm zur Ausgabe eines Sinussignals über einen D/A-Wandler

5.3 A/D-Wandlung

Ein D/A-Wandler läßt sich nicht nur zur Ausgabe von Spannungen, sondern auch zum Messen einsetzen. *Abb. 5.7* zeigt, daß hierzu noch ein Komparator erforderlich ist, der die zu messende Spannung mit der Ausgangsspannung des D/A-Wandlers vergleicht. Das Ergebnis des Vergleichs muß dem Rechner zurückgemeldet werden. Die Messung beruht darauf, daß der Computer die ausgegebene Spannung so lange verändert, bis sie der Meßspannung am nächsten kommt. Praktisch ist dazu nur die zurückgemeldete Information „größer/kleiner“ erforderlich, die sich auf einer digitalen Leitung als logische Null oder Eins übertragen läßt.

Der Komparator wird hier mit einem Operationsverstärker aufgebaut. Sein Ausgangssignal könnte man als digitale Information selbst seriell übertragen. Eine einfachere Möglichkeit ist die Übertragung über eine der Handshake-Leitungen der RS232. Hier wird der Ausgang RTS verwendet, der über CTS am Rechner gelesen werden kann. Der Zustand dieser Leitung kann über das

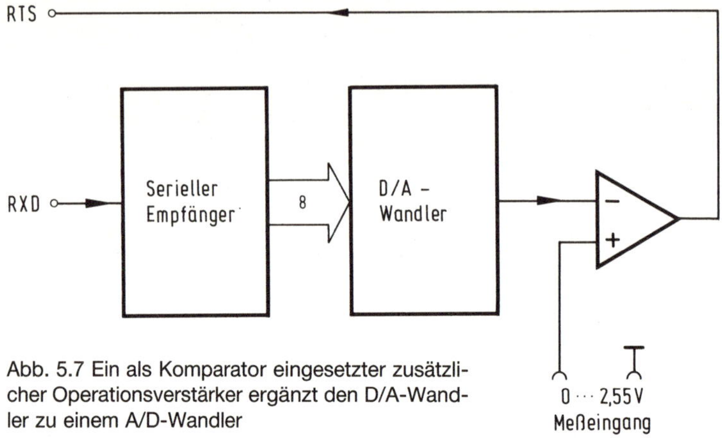

Abb. 5.7 Ein als Komparator eingesetzter zusätzlicher Operationsverstärker ergänzt den D/A-Wandler zu einem A/D-Wandler

Modem-Statusregister (I/O-Adresse 3FE) des 8250 abgefragt werden (vgl. Kap. 3.1). CTS wird über Bit 4 (Wertigkeit 16) eingelesen. Will man diese Leitung als Rückmeldeleitung für Daten verwenden, dann ist die übliche Handhabung der Schnittstelle in Basic nicht mehr möglich, da das Treiberprogramm zur RS232 die Leitung CTS selbst überwacht. Wird sie Low, dann wird die weitere Datenübertragung über TXD gestoppt. Die vorgestellten Pascal-Prozeduren dagegen benutzen CTS nicht.

Der gesamte Meßvorgang ähnelt einem Ausprobieren der gesuchten Spannung. Dabei gibt es zwei übliche Verfahren, die in *Listing 8* gezeigt werden. Zunächst ist es naheliegend, die Spannung schrittweise zu erhöhen, bis der Komparator umkippt. Der letzte ausgegebene Wert gilt dann als Meßergebnis. Die Prozedur „Messen1“ demonstriert dieses Zählverfahren. Nach jeder Ausgabe muß man etwa 10 ms warten, bis die Daten seriell übertragen sind und der Komparator sich eingestellt hat. Es ist leicht zu erkennen, daß die Meßzeit von der Meßspannung abhängt. Während bei der Spannung 0 V nur 10 ms gebraucht werden, sind es bei 2,5 V schon 2,5 s. Aus diesem Grund ist das Zählverfahren nicht mehr sehr beliebt.

Das zweite Verfahren ist die sukzessive Approximation (schrittweise Annäherung, auch „Wägeverfahren“ genannt). Diese Methode kommt mit nur acht Schritten, also ca. 80 ms für jede beliebige Spannung im Meßbereich aus. Man probiert zunächst die Mitte des Meßbereichs (128). Abhängig vom Ergebnis des Vergleichs mit der Meßspannung wird dann die Hälfte davon (64) addiert oder subtrahiert. Jeder folgende Schritt ist jeweils um die Hälfte kleiner. Beim achten Durchgang hat man so das niedrigstwertige Bit (1) ermittelt. Die Prozedur „Messen2“ geht so vor, daß grundsätzlich der aktuelle Spannungs-

```
{ AD-Wandlung, Zählverfahren }

procedure Messen1 (var Spannung : Byte);
var N, Schritt, Vergleich : Byte;
begin
  Spannung := 0;
  repeat
    Senden (Spannung);
    Delay (10);
    Vergleich := Port [$3FE] and 16;
    Spannung := Spannung + 1;
  until Vergleich = 0;
  Spannung := Spannung - 1;
end;

{ AD-Wandlung, sukzessive Aproximation }

procedure Messen2 (var Spannung : Byte);
var N, Schritt, Vergleich : Byte;
begin
  Schritt := 128;
  Spannung := 0;
  for N := 1 to 8 do begin
    Spannung := Spannung + Schritt;
    Senden (Spannung);
    Delay (10);
    Vergleich := Port [$3FE] and 16;
    if Vergleich = 0 then Spannung := Spannung - Schritt;
    Schritt := Schritt div 2;
  end;
```

Listing 8 Zwei A/D-Wandler-Prozeduren. Im Gegensatz zum Zählverfahren kommt die sukzessive Approximation mit acht Schritten aus

schritt zur getesteten Spannung hinzuaddiert wird, abhängig vom Vergleich aber wieder subtrahiert wird.

Die sukzessive Approximation wird häufig verwendet, wobei die Steuerung meist hardwaremäßig ausgeführt wird. Integrierte A/D-Wandler wie der ZN427 oder der AD670 erreichen dabei Umsetzzeiten in der Größenordnung von 10 µs.

6 Ein serieller Sender

Die Schaltung in *Abb. 6.1* ist wie die des seriellen Empfängers ganz in CMOS-Technik aufgebaut und hat daher den Vorteil eines sehr geringen Stromverbrauchs. Im Gegensatz zum seriellen Testgenerator des Kapitels 4 kann dieser Sender nicht nur Schalterstellungen übertragen, sondern beliebige parallele Daten mit TTL- bzw. 5-V-CMOS-Pegel.

Der serielle Sender weist dieselben Funktionsblöcke wie der serielle Empfänger auf. Hier wird allerdings ein Schieberegister 4021 eingesetzt, das Daten parallel übernimmt und seriell ausgibt. Die Datenübernahme wird durch einen kurzen Impuls am Eingang PARIN gesteuert, der vom Ausgang O2 des Dezimalzählers 4017 abgeleitet wird (vgl. *Abb. 6.2*).

Der Taktgenerator dieser Schaltung läuft völlig frei. Damit werden immer Daten am Ausgang Q7 des Schieberegisters herausgeschoben. Solange aber

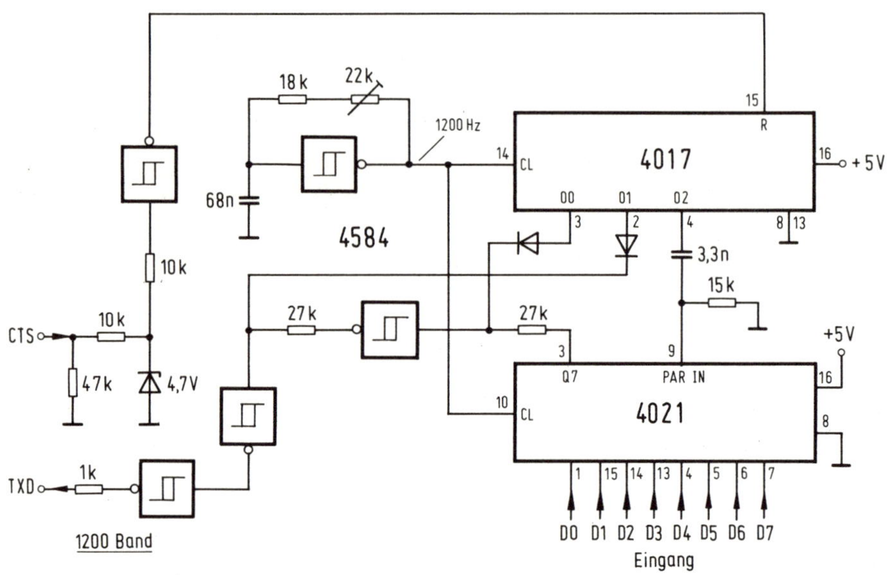

Abb. 6.1 Der serielle Sender in CMOS-Technik überträgt laufend den Zustand der parallelen Eingangsleitungen D0...D7

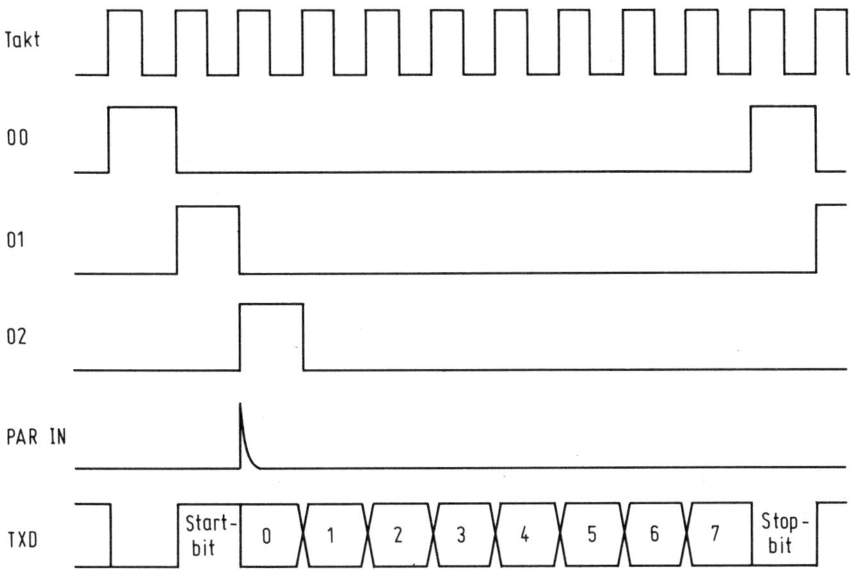

Abb. 6.2 Ablaufdiagramm der Sendung eines Bytes. Mit der positiven Flanke des Zählerausgangs 02 werden die Daten parallel übernommen und dann mit jedem Taktimpuls seriell herausgeschoben

CTS low ist, wird der Dezimalzähler über seinen Reset-Eingang in der Stellung 0 festgehalten. Über eine Diode am Ausgang O0 wird das Ausgangssignal des Schieberegisters mit diesem Stop-Signal Oder-verknüpft. Nach dem Durchlaufen von drei Invertern ist das Signal damit am Ausgang TXD low. Wird CTS hochgesetzt, dann schaltet der nächste Taktimpuls den Dezimalzähler in die Position 1. Dabei wird das invertierte Ausgangssignal des Schieberegisters über eine Diode hochgesetzt, und an TXD erscheint das Startbit. Start- und Stopbit werden also durch den Dezimalzähler über Dioden gesetzt. In der übrigen Zeit eines Übertragungszyklus sind beide Dioden gesperrt, der Ausgang des Schieberegisters bestimmt also allein das Signal TXD.

Der zweite Taktimpuls nach dem Start einer Übertragung setzt den Zähler auf die Position 2 und erzeugt damit den Übernahmeimpuls für die parallel anliegenden Daten. Damit liegt der Ausgang Q7 des Schieberegisters sofort auf dem Pegel des Bits D0 der Eingangsdaten. Dieses Bit wird nun invertiert auf die Datenleitung TXD gegeben. Die folgenden sieben Impulse des Taktgenerators lassen das Schieberegister nacheinander die restlichen Datenbits ausgeben. Beim letzten Bit steht der Dezimalzähler in Stellung 9. Von dort springt er auf 0 und gibt damit ein Stopbit aus. Bleibt CTS hochgesetzt, dann wird ohne Unterbrechung das nächste Byte gesendet. Der Übertragungsrahmen hat 10

Bits: Startbit, acht Datenbits und Stopbit. Ändert sich am Eingang nichts, dann wird laufend derselbe Zahlenwert gesendet.

Der Taktgenerator muß auf 1200 Hz bzw. 833 µs eingestellt werden. Natürlich kann auch eine andere Übertragungsrate gewählt werden. Da der Takt frei läuft und nicht unterbrochen zu werden braucht, eignet sich die Schaltung auch zum Betrieb mit einem quarzgesteuerten Baudratengenerator.

Zur Erprobung der Schaltung lassen sich z. B. die Empfangsprogramme aus Kapitel 4 verwenden. Da die CMOS- Eingänge des Schieberegisters extrem hochohmig sind, ist schon bei Berühren mit dem Finger eine Änderung des übertragenen Bitmusters feststellbar. Der Sender überträgt ohne weitere Steuersignale selbständig und laufend Daten, so daß der Einsatz einfach ist.

Der serielle Sender ist sehr vielseitig verwendbar. Vorstellbar ist etwa die Übertragung des Zustands von bis zu acht Schaltern oder Lichtschranken. Als Komparatoren eingesetzte Operationsverstärker mit einfacher Betriebsspannung von 5 V können direkt mit den Eingängen verbunden werden. Damit lassen sich z. B. eingestellte Grenzwerte überwachen. Mit acht Komparatoren, die eine gemeinsame Eingangsspannung mit den Teilspannungen eines Spannungsteilers vergleichen, läßt sich ein einfacher parallel arbeitender A/D-Wandler aufbauen, der allerdings mit acht Stufen (Auflösung 3 Bit) relativ grob arbeitet. Möglich ist auch die direkte Verbindung mit den Ausgängen eines Binärzählers. Man könnte die ersten acht Ausgänge eines 4040 verwenden. Der Sender überträgt dann laufend den aktuellen Stand des Zählers. Werden Eingangsimpulse registriert, dann ändert sich der übertragene Zahlenwert entsprechend. Ein eventueller Übertrag kann softwaremäßig erkannt und ausgewertet werden, so daß die effektive Zählerbreite 8 Bit übersteigt. Ein solcher Zähler kann z. B. in Verbindung mit einem Zählrohr zur Messung von Radioaktivität eingesetzt werden, was im Zusammenhang mit Langzeitmessungen einen sinnvollen Einsatz des Rechners darstellt.

6.1 Frequenzmessung

Mit relativ geringem Aufwand lassen sich über die serielle Schnittstelle Frequenzen messen, die bis zu 25mal größer sind als die Baudrate. Dazu wird das Meßsignal auf einen Binärzähler gegeben, der über den seriellen Sender periodisch ausgelesen wird. Die Torzeit dieses Frequenzmessers wird über die Baudrate und die Anzahl der Einzelmessungen festgelegt. Der Computer muß bei allen Auslesezyklen auch den Übertrag zum letzten Wert bilden und aufsummieren. Man kann so die Torzeit und damit die Auflösung des Zählers frei wählen.

Abb. 6.3 zeigt die verwendete Schaltung des Frequenzmessers. Der Baudratengenerator ist hier mit einem Uhrenquarz mit 32,768 kHz aufgebaut. Diese Frequenz wird durch vier geteilt, so daß sich die etwas ungewöhnliche Übertragungsrate von 8192 Baud ergibt. Da die Baudrate im UART 8250 durch ein einprogrammiertes Teilerverhältnis gebildet wird, ist mit einer gewissen Toleranz fast jede Baudrate einstellbar. Für den Frequenzmesser erhält man auf diese Weise eine quarzgenaue Zeitbasis. Die maximale Meßfrequenz beträgt ca. 200 kHz.

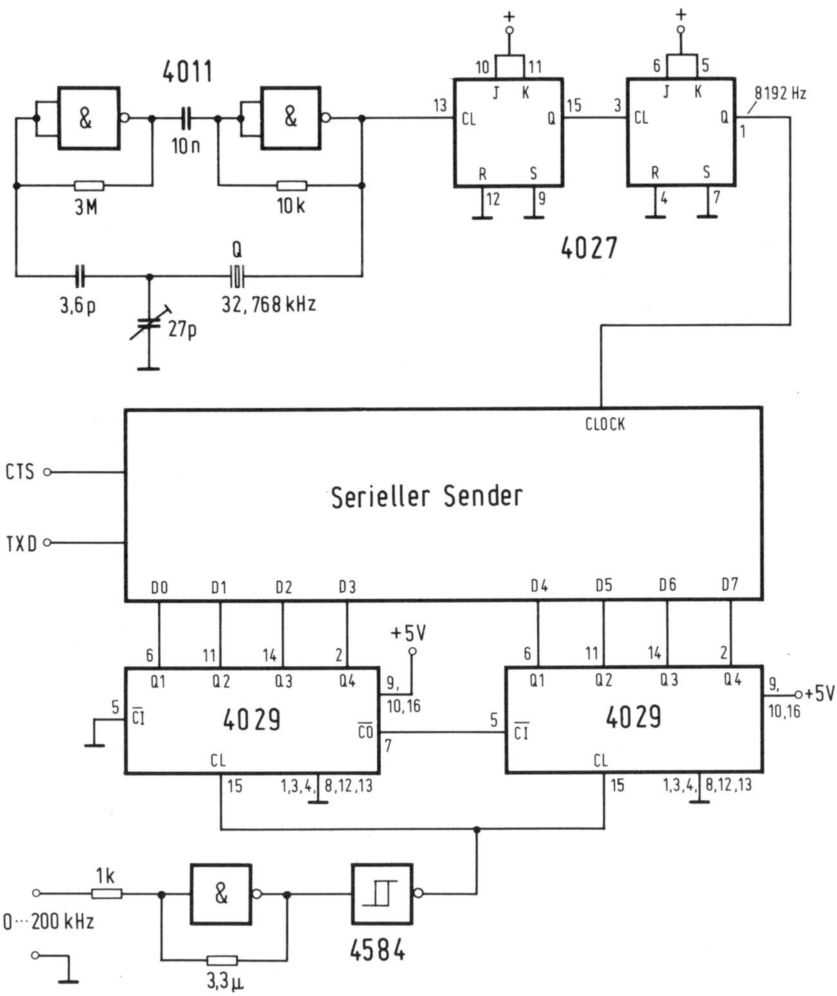

Abb. 6.3 Frequenzzähler. Der Zustand des Binärzählers wird laufend mit einer Übertragungsrate von 8192 Baud übertragen

Bei der Ablesung eines einfachen Ripple-Zählers wie z. B. eines 4040 kann es zu Zählfehlern kommen, wenn ein Zählimpuls fast zeitgleich mit dem Übernahmeimpuls des seriellen Senders eintrifft. Da nämlich alle Zählstufen hintereinandergeschaltet sind, reagieren die letzten Stufen mit einer gewissen Zeitverzögerung auf den Impuls. Es gibt also einen Zeitraum in der Größenordnung von einer Mikrosekunde, in dem falsche Ergebnisse übertragen werden können. Diese Unsicherheit kann man durch den Einsatz von Synchronzählern weitgehend vermeiden. Bei diesen erhalten alle Zählstufen dieselben Taktimpulse, so daß sie gleichzeitig reagieren. Hier werden zwei Synchronzähler 4029 mit jeweils vier Stufen zu einem 8-Bit-Zähler zusammengesetzt.

Das Pascal-Programm zum Frequenzzähler (vgl. *Listing 9*) verwendet eine geänderte Prozedur „Oeffnen“, die die Schnittstelle auf die geforderte Baudrate einstellt. Dazu wird das Lowbyte des Baudratenregisters mit dem Wert 14 geladen. Die eingestellte Baudrate ist dann 115200/14 Baud = 8228,6 Baud, was gegenüber 8192 Baud eine Abweichung von weniger als 0,5 % bedeutet und daher unproblematisch ist. Die eigentliche Frequenzmessung geschieht in der Prozedur „Messen“. Ihr muß die Anzahl der einzulesenden Bytes übergeben werden, womit die Torzeit und damit auch die Auflösung der Frequenzmessung gegeben ist. Bei 8192 Bytes ergibt sich z. B. eine Torzeit von 10 s und damit eine Auflösung von 0,1 Hz. Je nach Aufgabe können auch sehr kurze Torzeiten sinnvoll sein.

Nach dem Öffnen der Schnittstelle werden zunächst zwei Bytes eingelesen, die nicht in die Messung eingehen, um eventuelle Ungenauigkeiten kurz nach dem Aktivieren der Schnittstelle zu vermeiden. Das dritte eingelesene Byte wird den Variablen Alt und Erst zugewiesen. Der Wert in Erst bleibt bis zum Ende der Messung unverändert, während Alt im folgenden immer den Wert des vorletzten Bytes trägt. In der eigentlichen Meßschleife mit der vorgegebenen Anzahl von Einzelmessungen wird nämlich immer wieder der Stand der Synchronzähler abgelesen und mit dem letzten Wert davor verglichen. Immer wenn der neue Wert kleiner erscheint als der alte, ist ein Übertrag des nur 8 Bit breiten Synchronzählers eingetreten. Im Programm wird aber ein breiterer Zähler gebildet, indem alle erkannten Überträge gesondert in der Variablen High aufsummiert werden. Sie bildet in der Auswertung das Highbyte der gezählten Impulse, während das Lowbyte aus der Differenz des letzten eingelesenen Wertes „Wert“ und des ersten Wertes „Erst“ gebildet wird.

Die Frequenz ergibt sich als Quotient aus der Anzahl der gezählten Impulse und der Torzeit. Da der Übertragungsrahmen der seriellen Übertragung eine Länge von 10 Bit hat, ergibt sich für jedes eingelesene Byte eine Zeit von 1/819,2 s. Die Torzeit ist das Produkt aus dieser Zeit und der Anzahl der in der Schleife eingelesenen Bytes.

```
program Frequenzmessung;
uses CRT, RS232;

var
  Frequenz   :    Real;

procedure Oeffnen8192;
   var  Wert : Byte;
   begin
     Port [$3FB]:=128;               { Baudeingabe aktivieren     }
     Port [$3F8]:= 14;               { Baudrate - LSB, 8200 Baud }
     Port [$3F9]:=  0;               { Baudrate - MSB             }
     Port [$3FB]:=  3;               { 8 Bits, No Parity, 1 Stop }
     Port [$3FC]:=  3;               { DTR = 1, RTS = 1           }
     Wert := Port [$3F8]             { Empfangsregister leeren    }
   end;

procedure Messen ( Anzahl: Integer; Var Frequenz : Real);
var
  High                        :    Real;
  Wert, Alt, Erst, Start      :    Byte;
  Nummer                      :    Integer;

begin;
   Oeffnen8192;
   High := 0;
   Wert := 0;
   delay (20);
   Empfangen (Wert);
   Empfangen (Wert);
   Empfangen (Wert);
   Alt:=Wert;
   Erst:=Wert;
   for Nummer:=1 to Anzahl
   do begin
     Empfangen (Wert);
     if Wert < Alt then High := High + 1;
     Alt := Wert;
   end;
   Frequenz := 256 * High + Wert - Erst;
   Frequenz := Frequenz / Anzahl * 819.2;
   Schliessen;
end;
```

```
{verbesserte Frequenzmessung}
procedure Messen2 ( Anzahl: Integer; Var Frequenz : Real);
var
  High                        :    Real;
  Wert, Alt, Erst, Start      :    Byte;
  Nummer, Diff                :    Integer;
```

```
begin;
   Oeffnen8192;
   High := 0;
   Wert := 0;
   delay (20);
   Empfangen (Start);
   Empfangen (Wert);
   if Wert > Start then Diff := Wert - Start;
   if Wert < Start then Diff := Wert - (Start + 256);
   Empfangen (Wert);
   Alt:=Wert;
   Erst:=Wert;
   for Nummer:=1 to Anzahl
   do begin
     Empfangen (Wert);
     if( abs (( Alt + Diff) and 255) - Wert ) > 15
     then Wert := (Alt + Diff) and 255;
     if Wert < Alt then High := High + 1;
     Alt := Wert;
   end;
   Frequenz := 256 * High + Wert - Erst;
   Frequenz := Frequenz / Anzahl * 819.2;
   Schliessen;
end;


begin;
   ClrScr;
   Textmode (0);
   write (' Messung abbrechen mit Ctr C ');
   repeat
     GotoXY (1,10);
     Messen (4096, Frequenz );
     write ('       ',Frequenz:7:1,' Hz   ');
   until KeyPressed
end.
```

Listing 9 Pascal-Programm zum Frequenzzähler. Die verbesserte Frequenzmesser-Prozedur „Messen2" erkennt Übertragungsfehler und ersetzt sie durch interpolierte Werte

Das Hauptprogramm ruft die Meßprozedur mit 4096 Einzelmessungen auf. Es ergibt sich hier also eine Torzeit von 5 s und eine Auflösung von 0,2 Hz.

Trotz der sehr geringen Wahrscheinlichkeit, daß Eingangsimpulse zeitgleich mit Ausleseimpulsen der seriellen Schnittstelle am Zähler eintreffen, kommt es bei sehr hohen Frequenzen gelegentlich zu Meßfehlern, weil Impulse zufällig in der Größenordnung von wenigen Nanosekunden zusammenfallen. Dabei muß nicht in jedem Fall ein Fehler auftreten, weil insgesamt ja die Differenz zwischen dem letzten Zählerstand und dem Anfangsstand gebildet wird, falsche Zwischenwerte also herausfallen. Fehler treten nur auf, wenn ein falscher Übertrag gebildet oder wenn der erste oder der letzte Wert fehlerhaft gelesen wird.

Mit einer verbesserten Meßprozedur können solche Fehler fast ganz vermieden werden. Voraussetzung ist, daß die gemessene Frequenz während der Torzeit unverändert bleibt. Dabei kann jeder folgende Zählerstand recht genau vorhergesagt werden. Grobe Abweichungen lassen sich daher als Lesefehler erkennen und durch Interpolation ausgleichen. In der Prozedur „Messen2“ wird dieses Verfahren angewandt, indem vor der eigentlichen Messung gesondert die Differenz zwischen zwei Ablesungen gebildet wird. In der eigentlichen Meßschleife wird dann jedesmal diese „Normdifferenz“ mit der tatsächlich aufgetretenen Differenz verglichen. Falls die Abweichung größer als 15 ist, wird der fehlerhafte letzte Wert durch einen berechneten Wert ersetzt. Mit diesem Verfahren wird die Frequenzmessung noch wesentlich zuverlässiger.

6.2 Anschluß eines Spannungs-Frequenz-Wandlers

Man kann Spannungen sehr genau über den Umweg der Frequenzmessungen erfassen. Dazu lassen sich einfache und hochgenaue Spannungs-Frequenz-Wandler bauen, die zusammen mit einfachen Zählern Spannungsmessungen mit einer Auflösung bis weit über 16 Bit erlauben. Der integrierte Wandler RC4151 ermöglicht den Aufbau eines sehr einfachen Spannungsaufnehmers. *Abb. 6.4* zeigt eine Schaltung mit nur wenigen äußeren Bauteilen. Sie hat einen Meßbereich von 0 bis 5 V bei einer Auflösung von 1 mV. Die Linearität liegt bei etwa 1 %. *Listing 10* zeigt eine Prozedur zur Spannungsmessung. Dazu wird die Frequenz mit einer relativ kurzen Torzeit gemessen und das Ergebnis mit Hilfe eines experimentell ermittelten Eichfaktors in eine Spannung umgesetzt.

Das Prinzip der Umsetzung einer Spannung in eine Impulsfolge mit proportionaler Frequenz beruht hier auf der Erzeugung von Konstantstromimpulsen mit fester Dauer, die den Kondensator C2 aufladen. Immer wenn der Komparator der Schaltung eine höhere Spannung an seinem nicht-invertierenden Eingang erkennt, wird ein Impuls ausgelöst. Sobald sich ein stationärer Zustand eingestellt hat, die Spannung an C2 also gleich der Eingangsspannung ist, werden genau so viele Impulse generiert, daß der gemittelte Ausgangsstrom an Pin 1 gleich dem Entladestrom durch R2 ist. Da Stromstärke und Dauer der Impulse immer gleich sind, kann eine höhere Spannung sich nur mit einer höheren Impulsfrequenz einstellen. Die Frequenz ist also proportional zur Eingangsspannung.

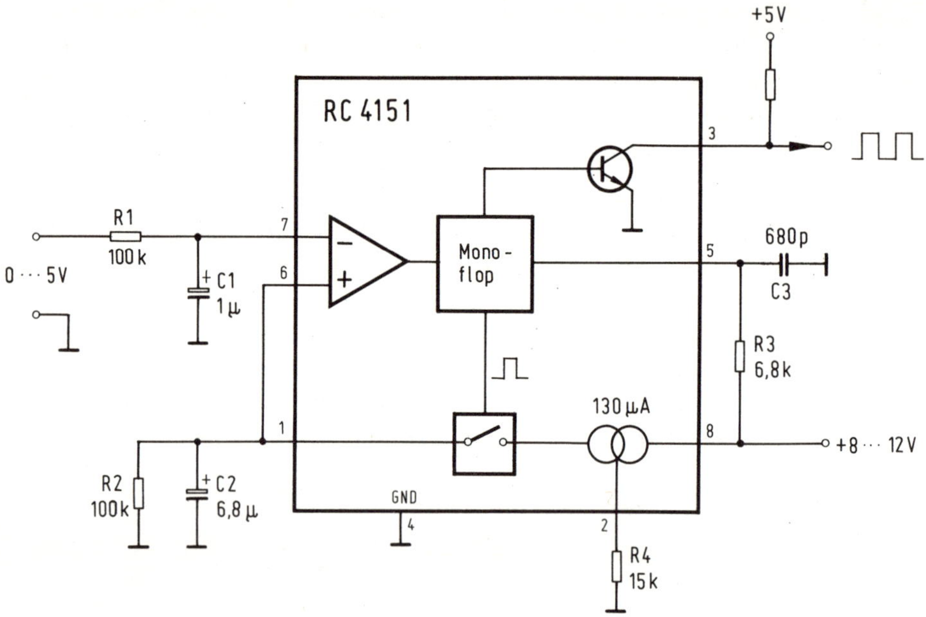

Abb. 6.4 Spannungs-Frequenz-Wandler zur Spannungsmessung mit großer Auflösung

Das RC-Glied R1/C1 dient zum Glätten der Eingangsspannung, damit eventuelle Schwankungen nicht schneller verlaufen können als die Regelschleife nachregeln kann. In diesem Falle gäbe es nämlich Umsetzfehler durch Dauerimpulse bzw. Impulsunterbrechungen. Mit R3 und C3 kann die Impulsbreite eingestellt werden, während R4 den Betrag des Impulsstroms festlegt. Im vorliegenden Fall führen die gewählten Werte zu einem Umsetzfaktor von ca. 14 kHz/V. Die Schaltung benötigt keine negative Betriebsspannung, sollte aber mit mindestens 8 V betrieben werden.

```
procedure Spannung;
begin;
   ClrScr;
   Textmode (0);
   write (' Spannung ');
   repeat
     GotoXY (1,10);
     Messen (512, Frequenz );
     write ('        ',(Frequenz / 13964 ):2:3,' V  ');
   until KeyPressed;
end;
```

Listing 10 Prozedur zur Spannungsmessung

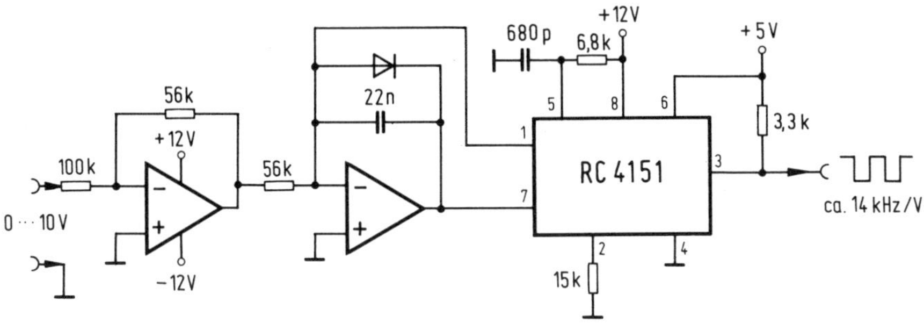

Abb. 6.5 Ein Präzisions-U/f-Wandler mit dem RC4151

Der besonders einfache Aufbau des Spannungs-Frequenz-Wandlers bringt einen relativ großen Linearitätsfehler von ca. 1 % mit sich. Die Ursache des Fehlers liegt hauptsächlich darin, daß die Komparatoreingänge und der Ausgang der Konstantstromquelle bei unterschiedlichen Spannungen betrieben werden. Der Präzisionswandler nach *Abb. 6.5* vermeidet diese Fehlerquelle durch den Einsatz weiterer Operationsverstärker. Hier arbeitet die Konstantstromquelle auf eine virtuelle Masse am invertierenden Eingang des Operationsverstärkers. Der Komparator des 4151 arbeitet immer bei derselben Eingangsspannung. Neben der sehr guten Linearität von 0,05 % über den gesamten Meßbereich von 0 V bis 10 V ergibt sich der Vorteil, daß diese Schaltung auch schnellen Änderungen der Eingangsspannung gut folgen kann.

6.3 Messung von Kapazitäten und Widerständen

Diese Anwendung basiert auf einem einfachen RC-Oszillator mit dem Timer 555. Zusätzlich angeschlossene Kondensatoren verstimmen die Ausgangsfrequenz nach unten, zusätzliche Widerstände nach oben. Die Frequenzvariation läßt sich leicht messen und automatisch in die gesuchte Kapazität bzw. den gesuchten Widerstand umrechnen. Die sehr einfache Schaltung ist in *Abb. 6.6* gezeigt.

Die entsprechenden Pascal-Prozeduren in *Listing 11* sind Teil eines umfassenderen Programms, das mit den Prozeduren zur Frequenz- und Spannungsmessung und der entsprechenden Hardware ein universelles Meßgerät darstellt.

Die Prozedur „Kapazitaet" führt zunächst eine Frequenzmessung ohne Meßobjekt durch. Dabei wird die Leerlauffrequenz der Variablen F1 zugewiesen. Sie enthält schon die Verstimmung durch die angeschlossenen Meßkabel. Zusammen mit einem zu messenden Kondensator ergibt sich die tiefere Frequenz F2.

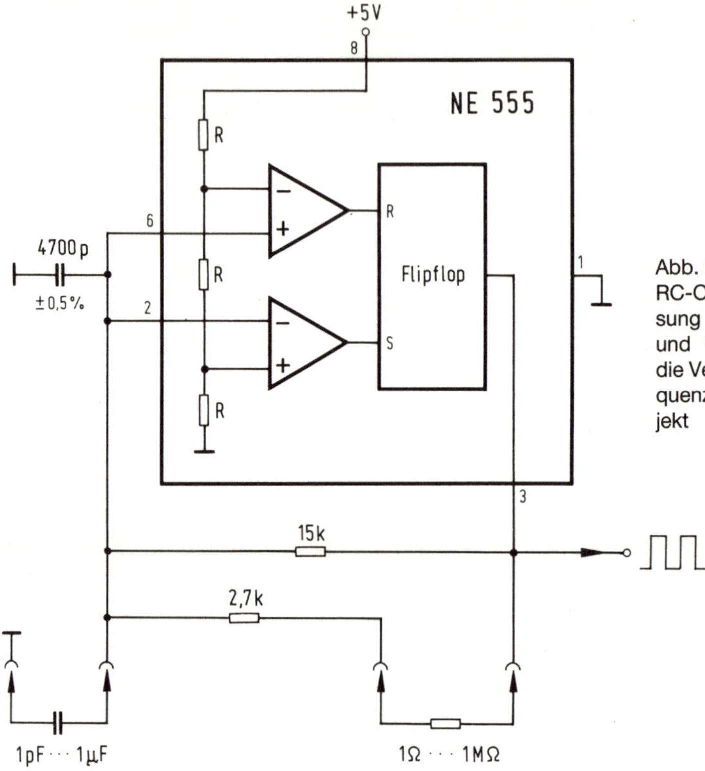

Abb. 6.6
RC-Oszillator zur Messung von Kapazitäten und Widerständen über die Verstimmung der Frequenz durch das Meßobjekt

```
procedure  Kapazitaet;
var
F1, F2, C    : Real;

begin;
   ClrScr;
   Textmode (0);
   writeln ('Kapazität ');
   Messen (512, F1);
   writeln (' jetzt bitte Meßobjekt anschließen');
   repeat
     GotoXY (1,10);
     Messen (512, F2 );
     C := 4.825 * (F1 / F2 - 1);
     write ('       ',C:7:3,' nF   ');
   until KeyPressed;
end;
```

```
procedure  Widerstand ;
var
F1, F2, R1, R   : Real;

begin;
   ClrScr;
   Textmode (0);
   writeln ('Widerstand');
   Messen (512, F1);
   writeln (' jetzt bitte Meßobjekt anschließen');
   repeat
     GotoXY (1,10);
     Messen (512, F2 );
     if F2 = F1 then F2 := F2 + 0.0001;
     R := 12000/(F2/F1-1) - 3037;
     write ('       ',R:3,' Ohm        ');
   until KeyPressed;
end;
```

Listing 11 Prozeduren zur Kapazitäts- und Widerstandsmessung

Die leicht nachvollziehbare Umrechnung in die Kapazität des Meßobjekts enthält die Kapazität des eingebauten Kondensators mit 4,7 nF. Allerdings haben genaue Vergleichsmessungen ergeben, daß der eingesetzte Wert mit 4,825 nF geringfügig höher sein muß, da offensichtlich gewisse Eigenkapazitäten des Timers eine Rolle spielen.

Mit dieser Eichung ergab sich eine sehr hohe Genauigkeit der Meßschaltung. Sie liegt bei Kondensatoren unter 47 nF weit unter 1 %. Bei größeren Meßobjekten bis ca. 1 µF ergeben sich allerdings immer größere Sprünge, da nun bei sehr kleinen Frequenzen gemessen wird, wobei die Frequenzmessung mit geringerer Auflösung arbeitet. Teilweise lassen sich diese Fehler durch längere Torzeiten wieder ausgleichen.

Wird die Schaltung zum Messen von Widerständen verwendet, dann zeigt sich eine wesentlich schlechtere Linearität, so daß zwar Widerstände im Bereich 1 Ω bis 1 MΩ grob bestimmt werden können, die Genauigkeit aber nur in der Größenordnung von ca. 10 % liegt. Der Grund liegt in nichtlinearen Widerständen im Timer 555. Die Genauigkeit ließe sich durch eine bessere Software sicher noch steigern. Dazu müßte man versuchen, die auftretenden Nichtlinearitäten durch gegenläufige Funktionen zu eliminieren. Allerdings findet dieses Meßgerät auch mit seiner mangelnden Linearität einen sinnvollen Einsatz, wenn es um die Auswahl genau gleicher Widerstände z. B. für D/A-Wandler oder Filterschaltungen geht. Relative Abweichungen von weniger als 0,01 % sind nämlich noch eindeutig zu erkennen.

7 Der UART AY3-1015

Wenn Interfaces gebaut werden sollen, die Daten sowohl senden als auch empfangen können, dann empfiehlt sich der Einsatz eines integrierten UART. Es gibt eine Vielzahl verschiedener Typen, die meist zu bestimmten Prozessorfamilien passen und am Computerbus angeschlossen werden. Ein Beispiel ist der schon besprochene 8250 des IBM-PC. Für eigene Schaltungen ist der AY3-1015 besser geeignet, da die Dateneingänge des seriellen Senders und die Datenausgänge des Empfängers getrennt herausgeführt sind. Außerdem können alle Einstellungen der Schnittstellenparameter rein hardwaremäßig vorgenommen werden, so daß sich die Schnittstelle gut ohne einen Prozessor betreiben läßt.

Der AY3-1015 besteht aus zwei vollständig getrennten Funktionsblöcken für den Sender und den Empfänger. Beide können gleichzeitig Daten übertragen, wobei sogar unterschiedliche Baudraten erlaubt sind. Allein die Einstellungen der übrigen Parameter gelten für beide Teile gemeinsam. *Abb. 7.1* zeigt die Pinbelegung und den Anschluß des UART. Die beiden Anschlüsse für die seriellen Signale SI und SO müssen jeweils noch invertiert und eventuell dem gewünschten Pegel angepaßt werden. Weiterhin ist ein externes Taktsignal anzuschließen. Nach dem Einschalten entsteht ein kurzer Reset-Impuls an Pin 21. Damit ist der Baustein betriebsbereit. Wenn ein Byte empfangen wird, dann gibt es der UART an die Datenausgänge DO0 bis DO7 aus. Wenn umgekehrt ein Byte gesendet werden soll, dann genügt es nicht, die Dateneingänge DI0 bis DI7 entsprechend zu setzen, sondern es muß zusätzlich ein negativer Impuls an den Anschluß DS gegeben werden, damit die Daten übernommen und gesendet werden.

Die folgende Tabelle gibt einen Überblick über die Funktion aller Anschlüsse des ICs:

Pin	Bezeichnung	Funktion
1	Vcc	Betriebsspannung +5 V
2	NC	nicht benutzt
3	GND	Masseanschluß

Pin	Bezeichnung	Funktion
4	$\overline{\mathrm{OE}}$	(Output-Enable) 0-Pegel schaltet die empfangenen Daten an DO0 bis DO7 durch, 1-Pegel macht die Ausgänge hochohmig.
5–12	DO7-DO0	Datenausgänge (Tristate)
13	PE	(Parity Error) Fehlermeldung
14	FE	(Framing Error) Fehlermeldung
15	OR	(Over-Run) wird 1, wenn ein neues Byte empfangen wurde, bevor das alte ausgelesen wurde.
16	$\overline{\mathrm{SWE}}$	(Status Word Enable) 0-Pegel aktiviert die Statusausgänge PE, FE, OR, DAV, TBMT. 1-Pegel macht sie hochohmig.
17	RCL	(Receiver Clock) Taktsignal des Empfänges, 16 mal Baudrate.
18	$\overline{\mathrm{RDAV}}$	(Reset Data Avaiable) Ein negativer Impuls setzt DAV zurück und zeigt an, daß Daten ausgelesen wurden.
19	DAV	(Data Available) Geht hoch, wenn ein Byte vollständig empfangen wurde.
20	SI	(Serial Input) Eingang für serielle Daten.
21	RESET	Eingang für einen positiven Initialisierungsimpuls.
22	TBMT	(Transmitter Buffer Empty) Geht hoch, wenn neue Daten zum Senden übernommen werden können.
23	$\overline{\mathrm{DS}}$	(Data Strobe) Ein negativer Impuls startet die Aussendung der Daten an DI0-DI7.
24	EOC	(End of Charakter) Geht hoch, wenn ein Byte vollständig ausgesendet ist.
25	SO	(Serial Output) Ausgang für serielle Daten.
26–33	DI0–DI7	Dateneingänge.
34	CTRE	(Control Enable) Ein positiver Impuls oder Dauerpegel aktiviert die an Pin 35- 39 eingestellten Parameter.
35	NP	(No Paraity) 1-Pegel wird angelegt, wenn kein Paritätsbit verwendet werden soll.
36	TSB	(Number of Stop Bits) O-Pegel stellt ein Stopbit ein, 1-Pegel zwei Stopbits.
37	NB2	(Number of Bits 1/2) Die angelegten
38	NB1	Pegel als Binärzahl plus 5 stellen die Anzahl der Datenbits pro Zeichen ein.
39	EPS	(Odd/Even Parity Select) 1-Pegel stellt gerade Parität ein.
40	TCL	(Transmitter Clock) Takteingang des Senders, 16 mal Baudrate.

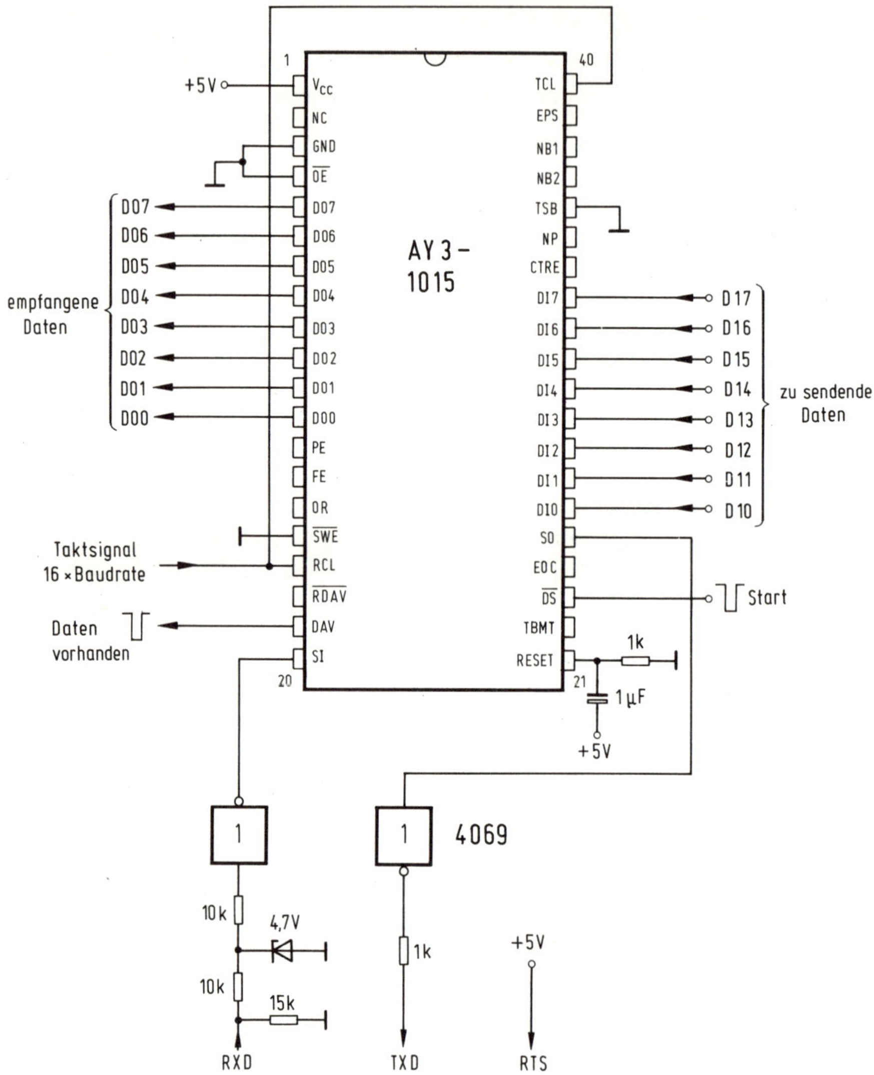

Abb. 7.1 Universelles RS232-Interface mit Sender und Empfänger

Das Schaltbild in Abb. 7.1 zeigt, wie man die Schnittstellenparameter festlegen kann, indem Eingänge mit 1-Pegel einfach offen gelassen werden. Wie jeder TTL-Baustein interpretiert auch der AY3-1015 offene Eingänge als gesetzt. NB1 und NB2 liegen hoch (binär 11, dezimal 3) und stellen damit acht Datenbits ein. Da NP hochliegt, wird kein Paritätsbit gesendet oder im Empfänger ausgewertet. Damit ist die Einstellung an EPS bedeutungslos. TSB ist an

Masse gelegt damit nur ein Stopbit verarbeitet wird. Da CTRE als offener Eingang hochliegt, werden alle eingestellten Parameter mit dem Einschalten der Betriebsspannung aktiv.

Die Baudrate wird allein durch die an RCL und TCL angelegte Taktfrequenz bestimmt. *Abb. 7.2* zeigt zwei Varianten einfacher Taktgeneratoren. Die komfortabelste Art stellt sicher ein Quarzoszillator mit Teilerkette unter Verwendung des 4060 dar. Mit dem 4,9152-MHz-Quarz werden Baudraten bis 19,2 kBaud möglich. Die hohe Quarzfrequenz macht dann allerdings die Verwendung des schnelleren 74HC4060 nötig. Beim Einsatz eines 2,4576-MHz-Quarzes genügt ein einfacher 4060. Die Tabelle zeigt, welche Baudrate mit welchem Ausgang des Teilers erreicht wird. Man könnte die Baudrate über einen Umschalter wählbar machen.

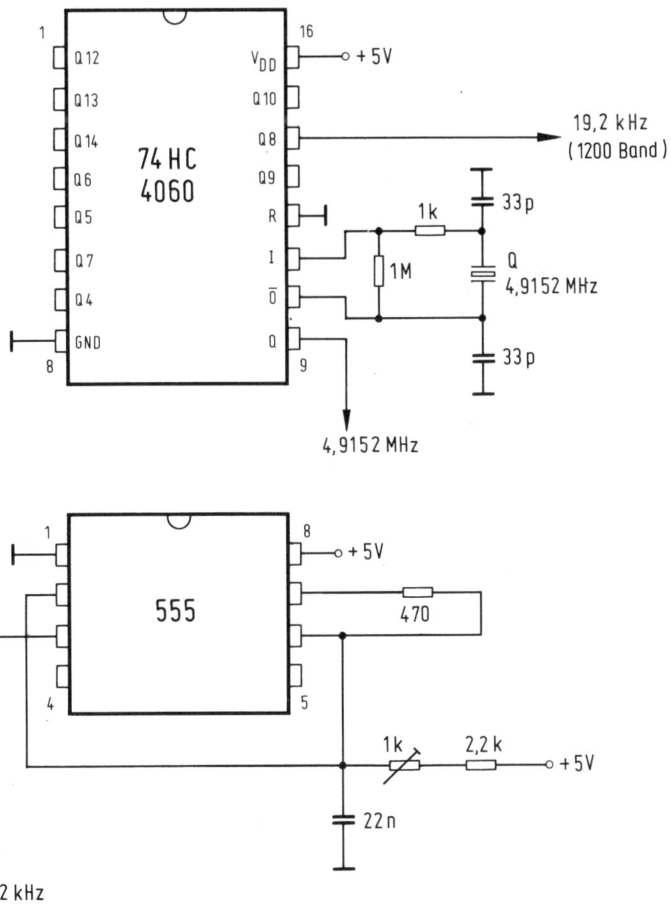

Abb. 7.2
Unterschiedliche Baudraten-generatoren

Quarz:		4,9152 MHz		2,4576 MHz	
Ausg.	Pin	Frequenz	Baudrate	Frequenz	Baudrate
Q4	7	307,2 kHz	19,2 kBaud	153,6 kHz	9,6 kBaud
Q5	5	153,6 kHz	9,6 kBaud	76,8 kHz	4,8 kBaud
Q6	4	76,8 kHz	4,8 kBaud	38,4 kHz	2,4 kBaud
Q7	6	38,4 kHz	2,4 kBaud	19,2 kHz	1,2 kBaud
Q8	14	19,2 kHz	1,2 kBaud	9,6 kHz	0,6 kBaud
Q9	13	9,6 kHz	0,6 kBaud	4,8 kHz	0,3 kBaud
Q10	15	4,8 kHz	0,3 kBaud	2,4 kHz	
Q12	1	1,2 kHz		0,6 kHz	
Q13	2	0,6 kHz		0,3 kHz	
Q14	3	0,3 kHz		0,15 kHz	

Einfache Taktoszillatoren lassen sich mit dem Timer 555 aufbauen. Da Abweichungen bis zu 3 % erlaubt sind, reicht die Stabilität auf jeden Fall aus. Allerdings muß die Taktfrequenz abgeglichen werden. Das kann entweder durch einen Trimmer geschehen oder durch Einlöten ausgesuchter Widerstände. Diese Möglichkeit empfiehlt sich bei Interfaces für eine begrenzte Anwendung bei fester Baudrate, weil sich so der geringste Platzbedarf und die geringsten Kosten ergeben.

Das Interface nach Abb. 7.1 arbeitet mit einfachen 5-V-Pegeln auf den Signalleitungen. Zwei Inverter des 4069 werden hier als Leitungstreiber und -empfänger eingesetzt. *Abb. 7.3* zeigt einige Alternativen. Statt der CMOS-Inverter lassen sich auch Transistoren einsetzen. Will man die normgerechten ±12-V-Pegel einhalten, empfiehlt sich der Einsatz der üblichen 1488 und 1489 (vgl. Abb. 3.1). Allerdings braucht man dazu drei Betriebsspannungen von 5 V, +12 V und –12 V. Der MAX232 kommt dagegen mit einer einfachen Betriebsspannung von 5 V aus. Er enthält einen Spannungswandler für ±10 V, so daß die Leitungstreiber bipolare Signale ausgeben.

Der AY3-1015 ist auch für den direkten Einsatz an einem bidirektionalen Datenbus vorgesehen. Deshalb sind alle Daten- und Statusausgänge als Tristate-Ausgänge ausgeführt, sie können also hochohmig geschaltet werden. Mit $\overline{\text{OE}}$ werden die Datenausgänge aktiviert, mit $\overline{\text{SWE}}$ die Statusausgänge. Hier sind beide Steuereingänge auf Null gelegt, so daß die Ausgangsleitungen immer aktiv sind.
Wenn Daten empfangen werden, kann am Statusausgang DAV abgelesen werden, wann gültige Daten an den Datenausgängen abgeholt werden können. Nach dem Einschalten und Initialisieren ist DAV zunächst low. Wenn ein Byte

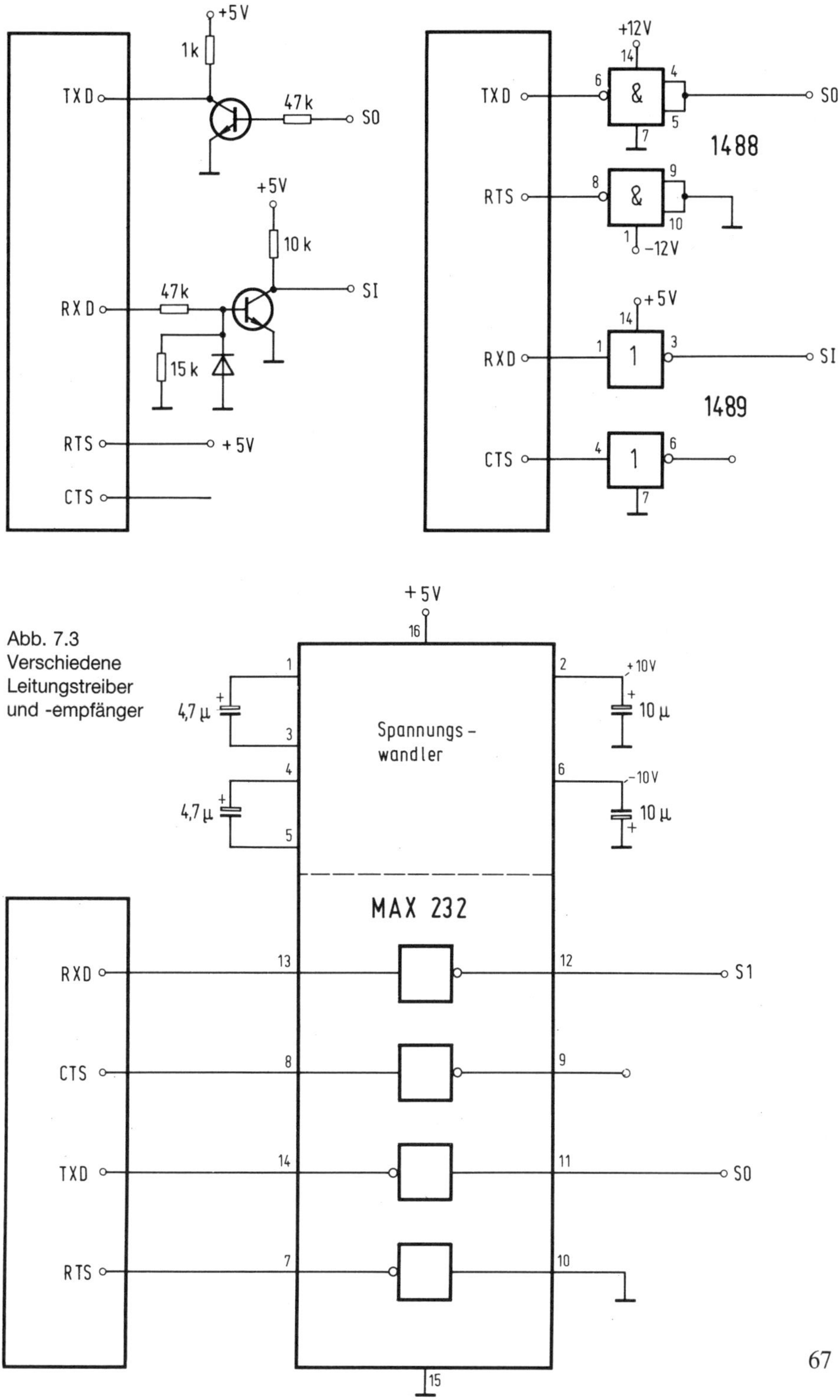

Abb. 7.3
Verschiedene Leitungstreiber und -empfänger

seriell empfangen wird, werden die Daten schon in der Mitte des ersten Stopbits an die Ausgänge gelegt. Zwei Taktperioden (2/16 Bitlängen) später geht DAV hoch und zeigt damit den Empfang gültiger Daten an. Es ist vorgesehen, daß nun z. B. eine CPU die Daten liest und dies durch einen negativen Impuls an $\overline{\text{RDAV}}$ bestätigt. Damit wird DAV zurückgesetzt. Beim Betrieb an einem Computerbus können $\overline{\text{OE}}$ und $\overline{\text{RDAV}}$ gleichzeitig mit dem negativen Leseimpuls der CPU belegt werden, so daß der UART erkennt, wann Daten ausgelesen werden.

In der angegebenen Schaltung wird $\overline{\text{RDAV}}$ nicht bedient. Damit kann der UART nicht erkennen, wann Daten ausgelesen werden. Nach dem zweiten empfangenen Byte gibt er deshalb die Fehlermeldung OR aus. Man braucht sich jedoch nicht darum zu kümmern, da der UART trotzdem normal weiterarbeitet. Da aber DAV nicht zurückgesetzt wurde, erzeugt der UART mit jedem vollständig empfangenen Byte einen negativen Impuls von einer Taktlänge (1/16 Bitlänge). Vom zweiten empfangenen Byte an wird also jedes neue Byte durch einen negativen Impuls an DAV bestätigt. Er kann z. B. als Latch-Impuls zur Übernahme der Daten in ein Datenregister benutzt werden. Da die Daten aber statisch zur Verfügung stehen, braucht DAV in vielen Fällen gar nicht angeschlossen zu werden.

Etwas schwieriger ist die Steuerung des Senders über den Eingang $\overline{\text{DS}}$. Ein negativer Impuls steuert die Datenübernahme von den Dateneingängen und die Aussendung eines Bytes. Man muß in jedem Fall entscheiden, woher dieser Steuerimpuls kommen soll. Anders als beim seriellen Sender in Kapitel 6 erfolgt hier also keine durchlaufende Datenübertragung. Ist dies erwünscht, dann muß $\overline{\text{DS}}$ durch einen zweiten Taktgenerator oder von einem Ausgang des Baudratengenerators gesteuert werden.

Die Aussendung eines Bytes kann aber auch extern gesteuert werden. In diesem Fall muß der Meßaufbau die $\overline{\text{DS}}$-Impulse liefern. Dies ist bei statistisch auftretenden Ereignissen sinnvoll, die eine unregelmäßige Datenübertragung erfordern.

Die dritte Möglichkeit besteht darin, die Steuerung vom Computer ausgehen zu lassen. Sie kann über eine Handshake-Leitung oder durch die serielle Übertragung eines Bytes erfolgen. Dabei bietet es sich an, die negativen Impulse von DAV direkt an $\overline{\text{DS}}$ zu leiten. Damit gibt das Interface auf jedes empfangene Byte eine Antwort. Diese Steuerung wird im folgenden vorgestellt.

7.1 Analoginterface zur Aufnahme von Kennlinien

Um Kennlinien aufzunehmen, benötigt man eine steuerbare Ausgangsspannung und einen analogen Meßeingang. Zusätzlich wird nach *Abb. 7.4* nur noch ein

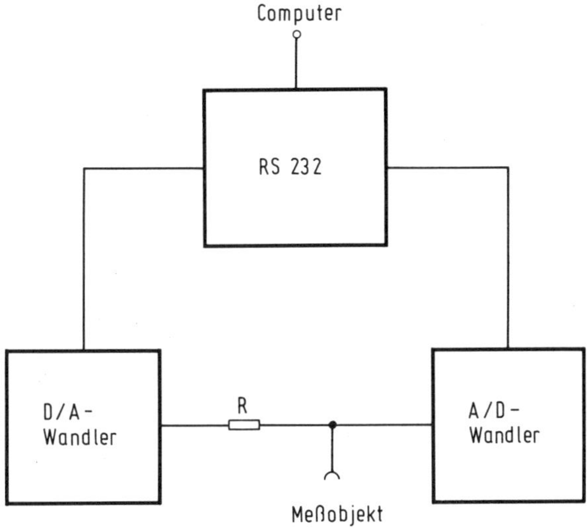

Abb. 7.4
Prinzipieller Aufbau zur Messung von Kennlinien. Der Strom durch das Meßobjekt läßt sich aus der Differenz der ausgegebenen und der gemessenen Spannung ermitteln

Widerstand zur Erfassung der Stromstärke benötigt. Während der A/D-Wandler die Spannung am Meßobjekt mißt, ergibt sich der Spannungsabfall am Meßwiderstand aus der Differenz der ausgegebenen Spannung und der gemessenen Spannung. Da der Meßwiderstand bekannt ist, erhält man so den Strom durch das Meßobjekt. Beide Wandler müssen identische Spannungsbereiche haben, was durch die Verwendung der gleichen Referenzspannung sichergestellt werden kann. Der analoge Ausgang läßt sich problemlos mit dem schon bekannten Wandler ZN426 realisieren. Man erhält damit eine Ausgangsspannung im Bereich 0 V...2,55 V. In den meisten Fällen ist der Einsatz eines Pufferverstärkers erforderlich, da der Ausgang des ZN426 mit 3 kΩ relativ hochohmig ist.

Der Analogeingang wird hier mit einem Parallelwandler µPD7003 realisiert. Es handelt sich dabei um einen sogenannten Flash-Wandler, der sehr hohe Umsetzgeschwindigkeiten erlaubt. In diesem Fall sind Umsetzraten bis zu 250 kHz möglich. Damit ist dieser Wandler zwar erheblich schneller als die serielle Schnittstelle, er wurde jedoch gewählt, weil er vergleichsweise preiswert ist und sehr einfach eingesetzt werden kann. Im Vergleich zu anderen, bis zu 20 MHz schnellen Flash-Wandlern, sog. Video-Convertern, hat er einen besonders geringen Stromverbrauch von nur 10 mA.

Abb. 7.5 zeigt das Prinzip eines Flash-Wandlers. Die Eingangsspannung wird über 256 Komparatoren mit den Teilspannungen eines Referenzspannungstei-

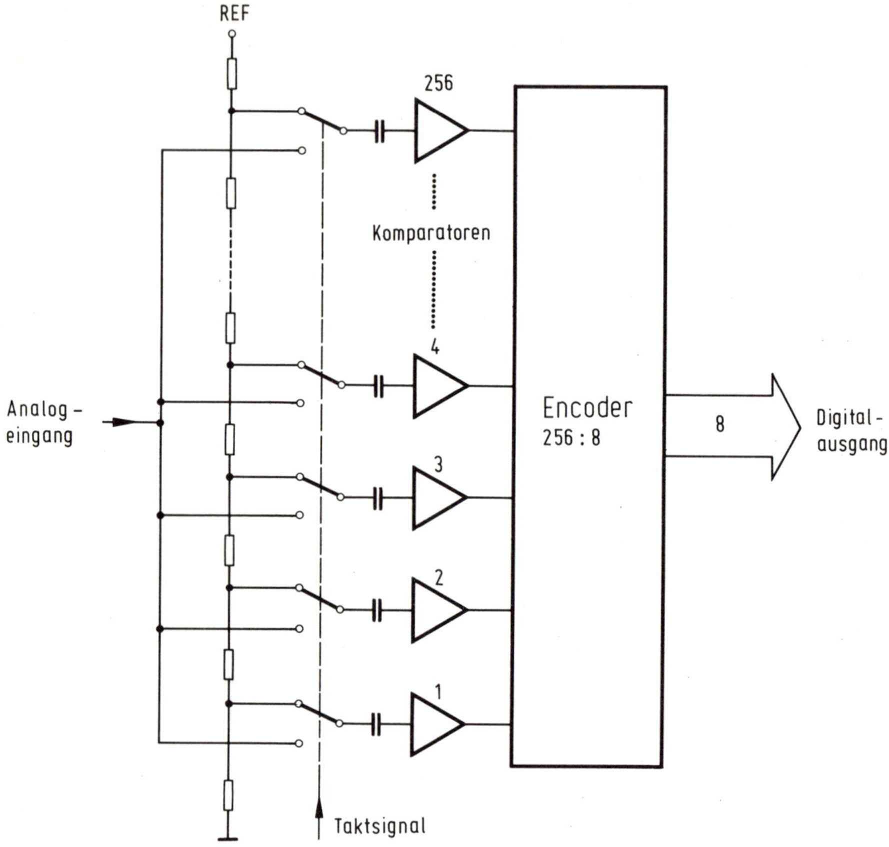

Abb. 7.5 Vereinfachte Innenschaltung eines Flash-Wandlers. 256 Komparatoren vergleichen die Eingangsspannung mit den Stufen des Spannungsteilers

lers aus ebensovielen gleichen Widerständen verglichen. Da übliche statische Komparatoren zu aufwendig und zu ungenau wären, verwendet man ein dynamisches Verfahren. Kleine Kondensatoren werden abwechselnd an die Eingangsspannung und an den Spannungsteiler gelegt. Je nach Differenz der beiden zu vergleichenden Spannungen entstehen dabei unterschiedlich gerichtete Ladeströme, die recht einfach verstärkt und ausgewertet werden können. Die Ausgangssignale der Komparatoren werden zu einem Byte kodiert und digital ausgegeben. Jeder Flash-Wandler benötigt ein Taktsignal, dessen Frequenz gleich der Umsetzrate ist. Da alle Komparatoren im selben Moment ihren Spannungsvergleich ausführen, ist auch die Abtastung sehr schnell veränderlicher Eingangsspannungen ohne weitere Hilfsmittel möglich. Das Umsetzverfahren führt zu einer impulsförmigen Belastung der Meßspannung. Um ein genügend schnelles Umladen der Komparatorkondensatoren zu ermöglichen, soll der Innenwiderstand des Meßobjekts 1 kΩ nicht überschreiten.

Der µPD7003 ist für den direkten Anschluß an einen Mikroprozessorbus ausgelegt. Er verfügt über Tristate-Datenausgänge und alle erforderlichen Steuersignale. Die folgende Tabelle zeigt die Funktionen der einzelnen Anschlüsse:

Pin	Bezeichnung	Funktion
24	D0	
1	D1	Datenleitungen, Tristate
2	D2	
3	NC	nicht angeschlossen
4	D3	
	bis	Datenleitungen, Tristate
8	D7	
9	$\overline{\text{OVER}}$	Überlaufanzeige: low bei Überlauf
10	UB	Betriebsspannung +5 V
11	REF	Referenz-Eingang, normalerweise +5 V
12	UB	Betriebsspannung +5 V
13	MODE	Eingang zur Wahl der Betriebsart: high: kontinuierliche Wandlung low: Steuerung über Auslesezyklen
14	$\overline{\text{TEST}}$	Testeingang, im normalen Betrieb an +5 V
15	CLK	Takteingang, 10 kHz...250 kHz
16	CS	Chip-Select-Eingang, Auslesen: low
17	$\overline{\text{DACK}}$	DMA-Acknolledge-Eingang, Lesen: low
18	$\overline{\text{OE}}$	Output-Enable-Eingang, Auslesen: low
19	GNDA	Analogeingang-Masse
20	AIN	Analogeingang, 0V...REF
21	GNDREF	Referenzeingang-Masse
22	GNDA	Analogeingang-Masse
23	GNDD	Digitalstufen-Masse

Um mögliche Impulsstörungen auf der Masseleitung vom Analogteil fernhalten zu können, gibt es getrennte Masseanschlüsse für die digitalen Stufen, die Eingangsspannung und die Referenzspannung. Sie dürfen um maximal 0,3 V gegeneinander differieren. Die Referenzspannung soll nach Herstellerangaben 5 V betragen. Wesentlich kleinere Werte dürften zu einer geringeren Meßgenauigkeit führen, da die internen Komparatoren dann mit kleineren Spannungsdifferenzen arbeiten müssen. Die Referenzspannung 2,55 V des ZN426 hat sich aber als ausreichend erwiesen.

Der Wandler verfügt über zwei Betriebsarten, die über den Pegel am MODE-Eingang gewählt werden können. In der Betriebsart 0 wird jeder gemessene Wert in einem zusätzlichen Datenregister zwischengespeichert, solange $\overline{CS}$, $\overline{DACK}$ und $\overline{OE}$ low sind, also Daten ausgelesen werden sollen. Um neue Daten zu wandeln, muß $\overline{OE}$ einmal geschaltet werden. Dabei gibt es aber eine wichtige Einschränkung im zeitlichen Verhältnis zum Taktsignal. In einem Bereich von 0,6 µs vor bis 0,4 µs nach einer ansteigenden oder abfallenden Flanke des Taktsignals darf keine Änderung an $\overline{OE}$ auftreten, da es sonst zu Wandelfehlern kommen kann. Das bedeutet, daß die Steuersignale auf das Taktsignal abgestimmt werden müssen.

Das Interface in *Abb. 7.6* verwendet den µPD7003 in der Betriebsart 1. Hier ist es erlaubt, die Steuerleitungen permanent an Masse zu legen, so daß der

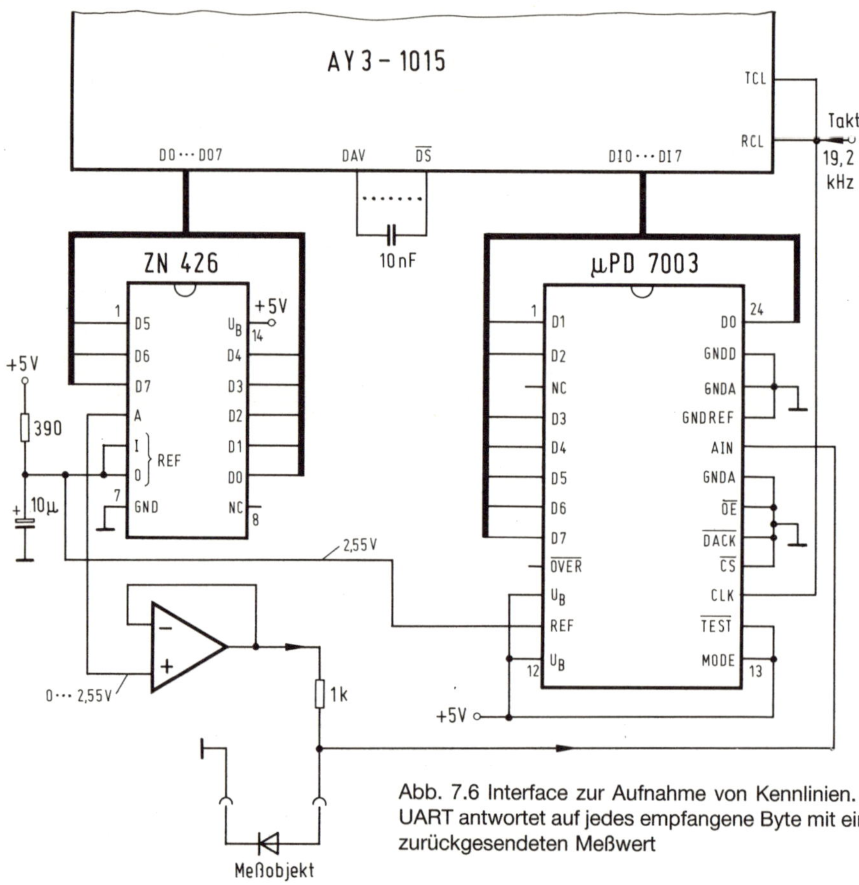

Abb. 7.6 Interface zur Aufnahme von Kennlinien. Der UART antwortet auf jedes empfangene Byte mit einem zurückgesendeten Meßwert

Wandler immer ausgelesen werden kann. Die Daten werden mit jedem Taktimpuls erneuert. Die gewandelten Daten werden jeweils mit der Verzögerung eines Taktimpulses ausgegeben. Man spricht hier von einem Pipeline-Verfahren, weil alte Daten ausgegeben werden, während sich neue Daten gerade in der Verarbeitung befinden.

Die Übernahme der Daten wird vom UART gesteuert, indem der Impuls von DAV den Steuereingang $\overline{DS}$ ansteuert. Damit erfolgt auf jeden ausgegebenen Wert eine Rückübertragung der gemessenen Spannung. Allerdings ist die ganze Wandlung aufgrund der Pipeline-Verarbeitung nicht schnell genug, um wirklich die Antwort auf den gerade ausgegebenen Wert zu erhalten. Jeder Meßzyklus muß daher zweimal ausgeführt werden. Da die Ausgangsdaten des UART dabei stehen bleiben, erhält der Eingang des A/D-Wandlers eine gleichbleibende Spannung. Das Programm in *Listing 12* verwendet ein Unterprogramm „Messung", in dem zwei Meßzyklen hintereinander durchgeführt werden.

Eine zusätzliche Maßnahme ist nach dem Einschalten des Interfaces erforderlich. Da der Ausgang DAV des UART nach dem Reset low ist, muß erst ein Byte empfangen werden, damit von da ab jedes weitere einen negativen Impuls an DAV auslöst. Deshalb wird in Zeile 50 zunächst ein beliebiges Byte abgesandt. Falls es das erste Byte nach einem Reset war, bleibt es unbeantwortet. War die Schnittstelle aber schon vorher in Betrieb, dann gelangt ein

```
5  REM  Kennlinien
10 CLS
20 SCREEN (1.1)
30 KEY OFF
40 OPEN "COM1:1200,N,8,1"  AS #1
50 PRINT#1,CHR$(0)
60 IF LOC(1)>0 THEN A$=INPUT$(1,#1)
70 FOR X = 1 TO 255
80 GOSUB 200
90 I=X-D : U=D
100 PSET (U,190-I)
110 NEXT X
120 CLOSE #1
130 IF INKEY$="a" GOTO 40
140 GOTO 130
200 REM ******* Messung *********
210 PRINT#1,CHR$(X);
220 D= ASC (INPUT$(1,#1))
230 PRINT#1,CHR$(X);
240 D= ASC (INPUT$(1,#1))
250 RETURN
```

Listing 12
Basic-Programm zur Kennlinienaufnahme

Antwortbyte in den Empfangspuffer. Von dort muß es abgehoben werden, damit bei der eigentlichen Messung die richtige Reihenfolge eingehalten werden kann. Mit LOC(1) wird vorher überprüft, ob sich ein Byte im Puffer befindet. Bei leerem Puffer würde andernfalls der Ausleseversuch in eine endlose Warteschleife führen.

Der A/D-Wandler und der UART arbeiten mit dem selben Taktsignal von 19,2 kHz. Damit trifft der Übernahmeinpuls an $\overline{DS}$ des UART immer synchron zum Taktsignal des A/D-Wandlers ein. Dabei fällt die Ausgabe neuer Daten des A/D-Wandlers mit der hinteren Flanke des Übernahmeimpulses für den UART zusammen, was zu Übertragungsfehlern führen kann, da der UART keine eindeutigen Eingangsdaten vorfindet. Man kann dieses Problem lösen, indem man den Übernahmeimpuls verkürzt. Statt der direkten Verbindung von DAV und $\overline{DS}$ wird dazu ein Kondensator von 10 nF eingefügt. Zusammen mit dem internen Pull-Up-Widerstand im UART bildet er ein RC-Glied, das den Impuls differenziert und damit verkürzt.

Das Basic-Programm erzeugt ein Diagramm der gemessenen Kennlinie am Bildschirm. Jede Kennlinie benötigt nur etwa 10 s. Mit der Taste „a" kann die Messung erneut gestartet werden, so daß mehrere Kennlinien zum direkten Vergleich in dasselbe Diagramm geplottet werden. Um das Programm möglichst übersichtlich zu halten, wurde auf die Achsen und eine Beschriftung verzichtet. *Abb. 7.7* zeigt die gemessenen Kennlinien unterschiedlicher Dioden. Man erkennt deutlich den verschobenen Verlauf verschiedener Typen. Alle Kennlinien sind aus 256 Einzelwerten aufgebaut. Dioden mit einer höheren Durchlaßspannung (z. B. LEDs mit ca. 1,5 V) werden nur bis zu einem geringeren Strom durchgemessen, da die Gesamtspannung des Meßobjekts und des Meßwiderstands 2,55 V nicht überschreiten kann.

Die Messung wurde mit einer direkten Verbindung von $\overline{DS}$ und DAV durchgeführt, wobei es vereinzelt zu Fehlmessungen kommt. Sie machen sich als einzelne abseits liegende Punkte bemerkbar. Es erscheint zunächst seltsam, daß das falsche Timing in dem meisten Fällen zu richtigen Meßwerten führt. Das ist damit zu erklären, daß die meisten Meßwerte eindeutig innerhalb einer Quantisierungsstufe des A/D-Wandlers liegen. Jeder neue Taktimpuls führt also zum selben digitalen Ausgangswert. Da dann keine Änderung auftritt, können keine falschen Werte übernommen werden. Nur in den seltenen Fällen, wo Meßwerte genau auf der Grenze zweier Quantisierungsstufen liegen, kann es zu einer Änderung während des DAV-Impulses und damit zu einer Fehlübertragung kommen. Mit dem Differenzierungskondensator zwischen DAV und $\overline{DS}$ ist das Problem aber vollständig beseitigt.

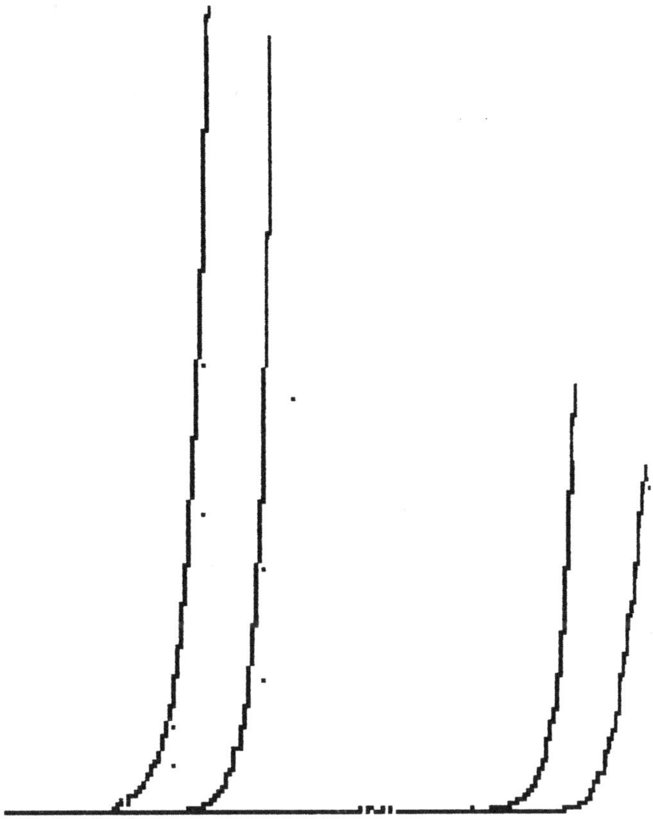

Abb. 7.7
Gemessene Kennlinien unterschiedlicher Dioden

7.2 Rechnergestützte Regelkreise

Mit Regelkreisen versucht man, eine veränderliche Größe in möglichst kurzer Zeit auf einen Sollwert zu bringen und dort stabil zu halten. Regeln umfaßt das Messen des Istwerts, die Auswertung der Differenz zum Sollwert und das Steuern einer Stellgröße. Durch einen einfachen Thermostat wird z. B. die Temperatur überwacht. Ist sie zu klein, dann wird ein Heizelement eingeschaltet, bis sie zu groß wird. Im allgemeinen arbeitet man hier mit Zweipunktreglern, die sehr einfach zu bauen sind, die aber prinzipiell mit gewissen Regelabweichungen arbeiten.

Analoge Regler verändern die Stellgröße kontinuierlich. Bei geeigneter Dimensionierung führen sie zu einem wirklich konstanten Istwert. Im Falle von rechnergesteuerten Regelkreisen kommt das Problem der Digitalisierung analoger Werte hinzu. Da man nur annähernd kontinuierlich messen und steuern kann, muß man auch bei der erreichbaren Regelgenauigkeit gewisse Kompromisse eingehen.

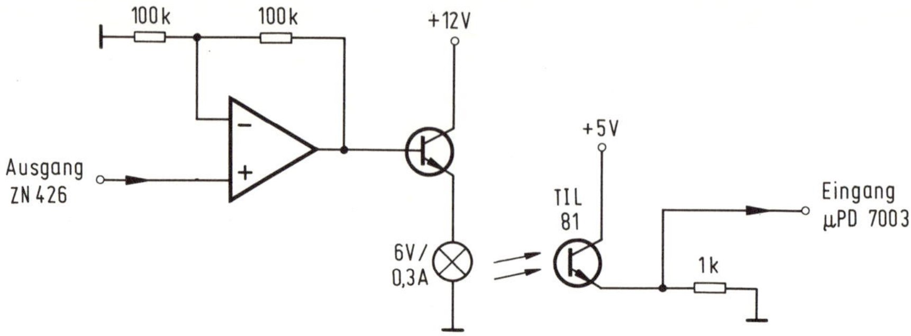

Abb. 7.8 Der Helligkeitsregelkreis arbeitet zusammen mit dem in Abb. 7.6 gezeigten Interface zur Aufnahme von Kennlinien

Hier wurde ein Regelkreis zur Regelung der Helligkeit einer kleinen Glühlampe aufgebaut, wobei das Analoginterface zur Aufnahme von Kennlinien fast unverändert eingesetzt wurde. Die Stellgröße (Spannung) wird über den D/A-Wandler ZN426 und einen als Pufferverstärker eingesetzten Emitterfolger ausgegeben. Die Messung der Istgröße (Helligkeit) erfolgt über einen Fototransistor TIL81 und den A/D-Wandler µPD7003. *Abb. 7.8* zeigt den Aufbau des Regelkreises.

Das kleine Basic-Programm in *Listing 13* realisiert einen einfachen Regelkreis mit einer grafischen Protokollierung des Regelverhaltens. Der Stellwert wird während des Regelvorgangs verändert, indem in Zeile 130 ein zur Regelabweichung proportionaler Betrag hinzuaddiert wird. Auch sehr kleine Regelabweichungen führen nach einiger Zeit zu einer Veränderung des Stellwerts um mehr als einen Digitalschritt. Der Regelkreis ähnelt einem Integralregler, wobei allerdings durch die digitale Verarbeitung ein etwas anderes Verhalten als bei

```
10 REM Reglkreis
20 OPEN "Com1: 1200,N,8,1" AS #1
30 PRINT#1, CHR$(100);
40 B$=INPUT$ (1,#1)
50 INPUT "Sollwert ";SOLL
60 SCREEN (1.1)
70 CLS : KEY OFF
80 PSET (0,200)
90 FOR X=1 TO 300
100 PRINT #1, CHR$ (STELL AND 255);
110 IST = ASC (INPUT$ (1,#1))
120 LINE - ( X, 200-IST)
130 STELL = STELL + (SOLL-IST)/15
140 NEXT X
```

Listing 13
Ein Regelprogramm in Basic. Hier wird gleichzeitig ein grafisches Regelprotokoll erzeugt

einem reinen Analogregler zu beobachten ist. Wenn nämlich die Differenz zwischen Istwert und Sollwert weniger als eine Quantisierungsstufe des A/D-Wandlers beträgt, wird der erreichte Zustand eingefroren, bis wieder eine größere Abweichung eingetreten ist.

Jeder Regler muß gewisse Bedingungen erfüllen, um stabil arbeiten zu können. Ein zu kleiner Teiler in Zeile 130 würde etwa die Schleifenverstärkung so weit erhöhen, daß eine Überregelung und damit ungedämpfte Regelschwingungen auftreten. Die Schleifenverstärkung hängt aber auch von äußeren Gegebenheiten ab. So ist z. B. die verwendete Glühlampe, der Fototransistor und der Abstand zwischen beiden mitbestimmend.

Abb. 7.9 zeigt zwei Regelprotokolle des Helligkeitsreglers. Im ersten Fall werden die Regelschwingungen nur langsam gedämpft, und es kommt zu keiner

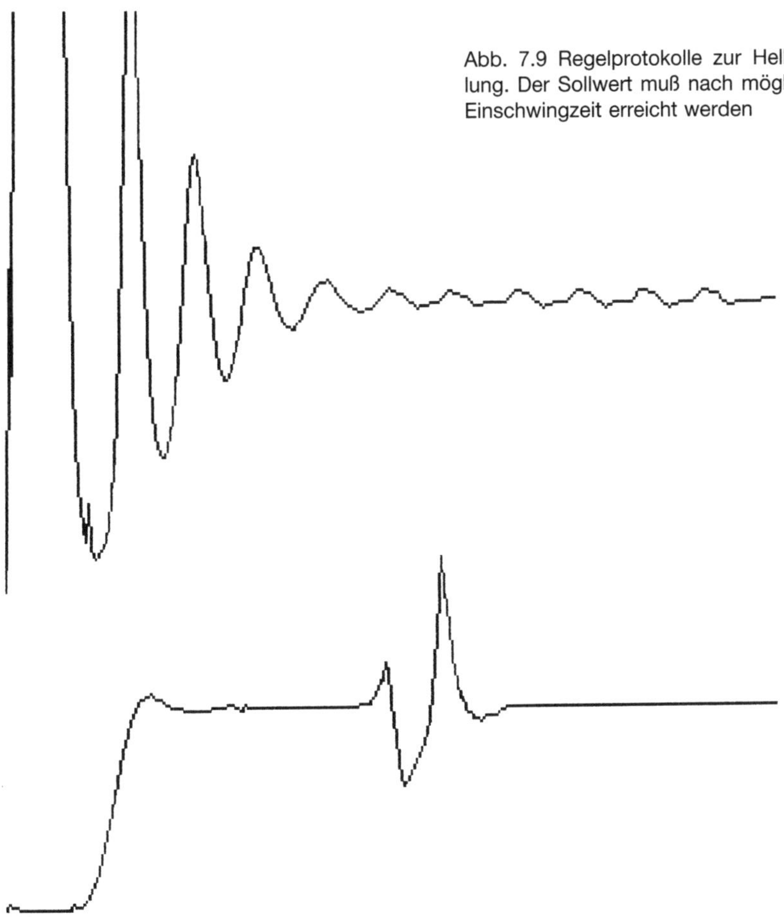

Abb. 7.9 Regelprotokolle zur Helligkeitsregelung. Der Sollwert muß nach möglichst kurzer Einschwingzeit erreicht werden

ganz stabilen Einstellung auf den Sollwert. Hier ist die Schleifenverstärkung zu hoch. Der zweite Fall zeigt ein fast ideales Regelverhalten. Nach nur einmaligem kurzen Überschwingen wird der Sollwert erreicht. In der Mitte des Regeldiagramms ist die Reaktion des Reglers auf eine äußere Störung zu erkennen, die hier durch eine Änderung der Lichtverhältnisse entstand. Die Störung wird in kurzer Zeit vollständig ausgeregelt.

In vielen Fällen ist es sinnvoll, Regelkreise rein analog aufzubauen, die Sollgröße aber vom Computer zu steuern. So lassen sich Größen oft wesentlich schneller und genauer einstellen. Der Vorteil programmgestützter Regelkreise zeigt sich erst bei komplexeren Regelvorgängen.

8 Vierkanal-12-Bit-Analoginterface

Das hier beschriebene Interface eignet sich für viele Meßaufgaben, bei denen es auf höhere Genauigkeit ankommt. Der verwendete A/D-Wandler µPD7002 enthält einen Dual-Slope-Wandler mit vorgeschaltetem Analogmultiplexer für vier Kanäle. Er kann wahlweise mit einer Auflösung von 8 oder 12 Bit betrieben werden, wobei der Hersteller die wahre Genauigkeit mit 10 Bit angibt. Gemittelte Werte mehrerer Messungen können jedoch tatsächlich eine Auflösung von 12 Bit erreichen.

Der Baustein ist für den direkten Einsatz an einem Computerbus mit acht Datenleitungen, zwei Adreßleitungen und den zugehörigen Steuerleitungen ausgelegt (vgl. Kap. 10.5). Der Anschluß an eine serielle Schnittstelle erfordert einen etwas größeren Aufwand. Dafür erhält man jedoch ein sehr kompaktes Datenerfassungsgerät, das auch über relativ lange Leitungen potentialgetrennt mit dem Computer verbunden werden kann. Besonders die Möglichkeit der Potentialtrennung ist bei hochauflösenden Meßgeräten ein großer Vorteil, da die Computermasse meist erhebliche Störpegel führt.

Abb. 8.1 verdeutlicht das Prinzip des Dual-Slope-(Zweirampen-)Wandlers. Ein Integrator wird zunächst für eine feste Zeit T1 an die Meßspannung gelegt, in der er eine zur Eingangsspannung proportionale Spannung erreicht. Darauf führt man ihm eine Referenzspannung zu und mißt die Zeit T2 bis zum Nulldurchgang der Ausgangsspannung. Sie ist proportional zur Eingangsspannung. Der Vorteil des Verfahrens liegt darin, daß verschiedene Meßfehler sich selbst aufheben. Eine Änderung der Kapazität des Integrators würde zwar die Höhe der Spannungsrampe verändern, nicht aber das Verhältnis der Ladezeiten für beide Rampen. Das gleiche gilt für Änderungen des Integratorwiderstands R und der Taktfrequenz des Zählers. Ein Nachteil ist die relativ lange Umsetzzeit von bis zu einigen 100 ms. Der µPD7002 ist allerdings mit Umsetzzeiten um 10 ms vergleichsweise schnell. Der Wandler besitzt drei interne Register für Steuerbyte sowie Lowbyte und Highbyte der gewandelten Daten. Über das eingeschriebene Steuerbyte wird der zu messende Kanal und die Auflösung der Messung gewählt und gleichzeitig die Messung gestartet. Danach kann man die gewandelten Daten aus den Datenregistern auslesen. Im 8-Bit-Modus wird nur das Highbyte ausgelesen, im 10-Bit-Modus zusätzlich das Lowbyte. In beiden

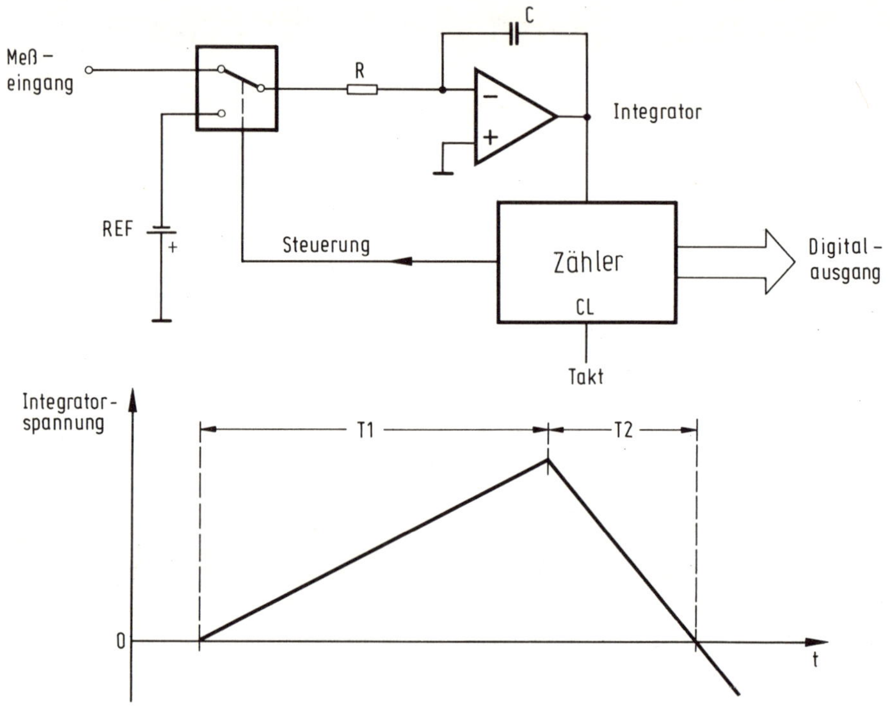

Abb. 8.1 Arbeitsprinzip des Dual-Slope-Wandlers. Die Spannung wird über die Entladezeit T2 bestimmt

Fällen beträgt die tatsächliche Auflösung zwei Bit mehr, also 10 und 12 Bit. Für die niedrigstwertigen Bits will der Hersteller allerdings keine Garantie übernehmen. Zumindest beim letzten Bit ist immer eine Streuung zu beobachten. Bei Bedarf kann man über mehrere Einzelmessungen mitteln, womit man eine Auflösung von 12 Bit erreicht. Deshalb kann man mit Recht von einem 12-Bit-Modus sprechen.

Der Anschluß des Wandlers wird durch die folgende Tabelle der Pinbelegung erläutert (vgl. auch Abb. 10.7):

Pin	Bezeichnung	Funktion
1	XO	Quarzoszillator-Ausgang, frei bei externem Taktsignal
2	XI	Quarzoszillator-Eingang, externes Taktsignal bis 3 MHz anschließbar

Pin	Bezeichnung	Funktion
3	GND	Masse
4	C	Integratorkondensator
5	GD	Guard, Abschirmanschluß
6	C	Integratorkondensator
7	GD	Guard, Abschirmanschluß
8	REF	Referenzspannungseingang, 2,5 V ±10 %
9	GND	Masse
10	CH3	Eingang Kanal 3
11	CH2	Eingang Kanal 2
12	CH1	Eingang Kanal 1
13	CH0	Eingang Kanal 0
14	UB	Betriebsspannung +5 V
15	D7	Datenleitungen, Tristate,
	bis	Daten lesen mit $\overline{CS}$ und $\overline{OE}$ low,
22	D0	Daten schreiben mit $\overline{CS}$ und $\overline{WR}$ low
23	$\overline{CS}$	Chip Select, Aktivierungseingang
24	$\overline{WR}$	Write Enable, Schreibfreigabe
25	$\overline{RD}$	Read Enable, Lesefreigabe
26	A0	Adreßleitungen: 00 = Steuerregister
	und	01 = Datenregister Highbyte
27	A1	10 = Datenregister Lowbyte
28	$\overline{EOC}$	End Of Conversion, low, wenn Messung beendet

Der Baustein kann wie ein Speicher beschrieben und ausgelesen werden, wobei die erforderlichen Steuersignale z. B. zum Z80-Prozessor passen. Mit einem Massepegel an $\overline{CS}$ wird der Wandler grundsätzlich angewählt. Die eigentliche Datenübertragung in den Baustein oder aus dem Baustein wird über negative Impulse an $\overline{WR}$ und $\overline{RD}$ gesteuert. Jede Wandlung beginnt mit einer Schreiboperation in das Steuerregister (A0 = 0, A1 = 0). Es trägt in seinen einzelnen Bits die folgenden Informationen für den Wandler:

Bit 0	Steuerbits für den Kanalmultiplexer
und	00 = Kanal 0, 01 = Kanal 1
Bit 1	10 = Kanal 2, 11 = Kanal 3
Bit 2	keine Funktion
Bit 3	1 = 12-Bit-Modus, 0 = 8-Bit-Modus
Bit 4	
bis	keine Funktion
Bit 7	

Abb. 8.2 zeigt den kompletten Schaltplan des Interfaces. Man erkennt, daß die Empfängerausgänge und die Sendereingänge des UART verwendet werden, um einen Computerbus nachzubilden. Die drei unteren Datenleitungen können bidirektional betrieben werden, wobei allerdings Bit 2 des Ausgabeports des UART die Leitung D3 des Wandlers ansteuert. Ist der µPD7002 über seine Schreib/Leseleitungen auf Ausgabe gestellt, dann sind seine Datenleitungen niederohmig und bestimmen die Pegel auf den Datenleitungen. Soll der Wandler Daten lesen, dann sind seine Datenleitungen hochohmig und die drei niederwertigen Augabeleitungen des UART legen über drei 27-kΩ-Widerstände die Zustände fest. Diese Datenrichtung ist beim Beschreiben des Steuerregisters von Bedeutung. Die Steuerleitungen $\overline{WR}$ und $\overline{RD}$ werden nicht wie üblich mit Schreib- oder Leseimpulsen angesteuert, sondern $\overline{RD}$ bleibt im Ruhezustand low, während für den kurzen Moment des Schreibimpulses beide Steuerleitungen umgeschaltet werden.

Die beiden Datenleitungen DO3 und DO4 des seriellen Empfängers bilden die Adreßleitungen des Wandlers. Mit ihnen können vier Adressen vorgegeben werden, von denen aber nur die ersten drei verwendet werden. Die Schaltung ist so ausgelegt, daß die Schreib-/Leseumschaltung für den Wandler vom Zustand der Adreßleitungen abhängt, so daß zur Adresse 0 nur geschrieben werden kann, während alle übrigen Adressen nur ausgelesen werden können. Dies gelingt über eine Oder-Verknüpfung beider Adreßleitungen. Wenn mindestens eine der beiden Leitungen gesetzt ist, kann nur gelesen werden. Auf diese Weise erspart man sich die gesonderte Übertragung der Schreib/Leseinformation.

Sobald im UART ein Byte empfangen wurde und an den Datenleitungen des seriellen Empfängers anliegt, erzeugt dieser einen negativen Impuls an DAV. Je nach angewählter Adresse, die ja mit dem empfangenen Byte eingetroffen ist, steuert DAV die Datenübertragung in den Wandler oder in den Sender des UART. Ist die übertragene Adresse Null (DO0 und DO1 low), dann wird der Steuerimpuls an die $\overline{WR}$-Leitung des Wandlers geleitet, so daß er die Daten übernehmen kann. Die $\overline{CS}$-Leitung liegt fest an Masse, so daß der Baustein immer aktiv ist. Bei der Adresse 1 oder 2 dagegen wird die Schreib/Leseumschaltung durch eine Diode blockiert, der Wandler schreibt also die gemessenen Daten auf die Datenleitungen. Der Steuerimpuls DAV gelangt nun an den Steuereingang $\overline{DS}$ des seriellen Senders im UART. Dieser übernimmt die Daten und sendet sie über die Datenleitung TXD. Über einen 100-pF-Kondensator ist hier eine kleine Verzögerung eingebaut, damit die Daten nach dem Anlegen der Adresse schon sicher auf den Datenleitungen stehen.

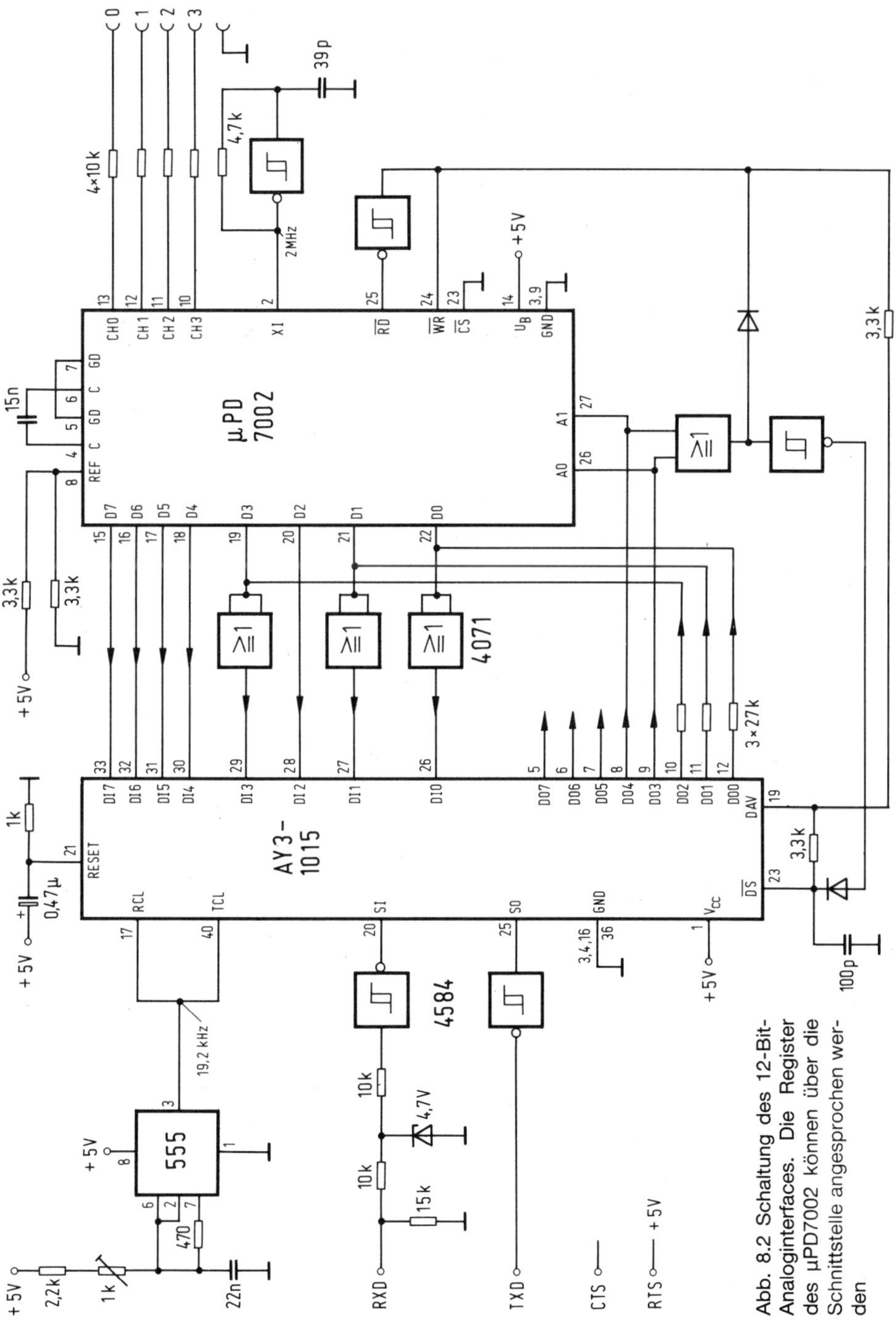

Abb. 8.2 Schaltung des 12-Bit-Analoginterfaces. Die Register des µPD7002 können über die Schnittstelle angesprochen werden

Die vom Computer gesendeten Steuerworte sind nicht identisch mit denen des Steuerregisters im Wandler. Sie enthalten zusätzlich noch die Registeradresse des Wandlers. Insgesamt ergibt sich die folgende Aufteilung:

Bit 0 und Bit 1	Kanalnummer
Bit 2	12-Bit-Modus (1) oder 8-Bit-Modus (0)
Bit 3 und Bit 4	Adresse der Wandlerregister
Bit 5 bis Bit 7	frei für externe Steuerungen

Damit werden bei einer Messung im 8-Bit-Modus die folgenden Steuerworte und Daten übertragen:

Sendedaten	Empfangsdaten	Kommentar
1	–	Kanal 1 (Beispiel)
8	XX	Meßwert

Soll mit einer Auflösung von 12 Bit gemessen werden, dann ist im Steuerwort zusätzlich das Bit 2 zu setzen, also zur Kanalnummer 4 zu addieren:

Sendedaten	Empfangsdaten	Kommentar
6 (= 2+4)	–	Kanal 2 (Beispiel)
8	XX	Meßwert Highbyte
16	XX	Meßwert Lowbyte

Das Lowbyte enthält in seinen vier höherwertigen Bits die vier niederwertigen Bits des gemessenen 12-Bit-Wertes. Alle übrigen Bits sind Null. Damit wird der Meßwert in seinem Wertebereich 0...4095 berechnet mit:

$$\text{Meßwert} = 16 * \text{Highbyte} + \text{Lowbyte} / 16$$

Die Umsetzzeit des Wandlers hängt von der Frequenz des Taktsignals und der gewählten Auflösung ab. Außerdem ist sie geringfügig von der gerade anliegenden Eingangsspannung abhängig. Die folgende Tabelle zeigt Maximalwerte der Umsetzzeit und den für jede Taktfrequenz günstigsten Wert des Integratorkondensators:

Auflösung	Taktfrequenz	Umsetzzeit	Integrator-kondensator
12 Bit	1 MHz	15 ms	33 nF
12 Bit	2 MHz	7,5 ms	15 nF
12 Bit	3 MHz	5 ms	10 nF

Auflösung	Taktfrequenz	Umsetzzeit	Integrator-kondensator
8 Bit	1 MHz	5 ms	33 nF
8 Bit	2 MHz	2,5 ms	15 nF
8 Bit	3 MHz	1,7 ms	10 nF

Die Umsetzzeiten liegen in der Größenordnung der Übertragungszeiten über die serielle Schnittstelle. Bei einer Übertragungsrate von 1200 Baud benötigt ein Byte eine Übertragungszeit von 8,3 ms. Wenn also der A/D-Wandler mit einer Taktfrequenz von mindestens 2 MHz betrieben wird, ist auch im 12-Bit-Modus keine zusätzliche Wartezeit erforderlich, sondern man kann den Wandler so schnell auslesen, wie es die serielle Schnittstelle ermöglicht. Bei höheren Baudraten ist eine entsprechende Warteschleife für die maximale Umsetzzeit einzufügen, da das Ende der Umsetzung nicht abgefragt werden kann. Der Wandler wird hier mit einem freischwingenden Taktgenerator mit etwa 2 MHz betrieben. Möglich ist auch die Ansteuerung mit einem Quarz bis 3 MHz, der zusammen mit zwei Kondensatoren von 33 pF an die Anschlüsse XI und XO des Wandlers gelegt wird. Sinnvoll ist auch die Mitverwendung des Baudratengenerators, wenn dieser mit einem 2,4576-MHz-Quarz betrieben wird.

Die serielle Schnittstelle verwendet hier nur die beiden Leitungen TXD und RXD. Die Leitung RTS ist an +5 V gelegt, damit ein angeschlossener Computer die Empfangsbereitschaft erkennen kann. Außerdem kann hier die nötige Betriebsspannung für das mit Optokopplern potentialgetrennte Kabel entnommen werden.

Das Interface hat vier Eingänge, deren Meßbereich durch die Referenzspannung des Wandlers festgelegt ist. Da sie hier nur mit einem Spannungsteiler aus zwei gleichen Widerständen gebildet wird, ist der Meßbereich die halbe Betriebsspannung, also 2,5 V. Man könnte auch eine besondere Referenzquelle verwenden. Die Eingänge sind mit 1000 MΩ sehr hochohmig. Sie sind mit Begrenzerdioden geschützt, die jedoch nur sehr geringe Ströme vertragen. Ein Unterschreiten oder Überschreiten des Betriebsspannungsbereichs ist auch für unbenutzte Eingänge auf jeden Fall zu vermeiden. Zum Schutz vor Überlastungen empfiehlt sich die Verwendung von Schutzwiderständen mit 10 kΩ in Reihe zu jedem Eingang. Die Abschirmanschlüsse (Pin 5 und Pin 7) sollen untereinander verbunden werden und den besonders empfindlichen Pin 6 mit seinem Anschluß des Integratorkondensators umschließen. So werden Leckströme auf der Platine und eventuelle Einstreuungen elektrischer Wechselfelder in ihrer Auswirkung gemindert.

Neben den vier Eingängen stehen noch drei freie Ausgangsleitungen des seriellen Empfängers zur Verfügung. Damit lassen sich völlig unabhängig vom A/D-Wandler weitere Steuerungen vornehmen.

Listing 14 zeigt ein Beispielprogramm in Basic, das die Messung an allen vier Eingängen im 12-Bit-Modus gestattet. In *Listing 15* wird eine entsprechende Pascal-Prozedur vorgestellt.

Die Genauigkeit und Zuverlässigkeit des Interfaces hängt stark vom sorgfältigen Aufbau ab. Um die Auflösung von 12 Bit voll ausnutzen zu können, sollte man mit einem abgeschirmten Gehäuse arbeiten. Insbesondere die Anschlüsse

```
10 REM  Spannungsmessung 4 * 12 Bit
20 CLS
30 OPEN "COM1:1200,N,8,1" AS #1
40 FOR N=0 TO 3
50 GOSUB 100
60 LOCATE 5+5*N,1
70 PRINT "Kanal";N;": ";U;" Volt  "
80 NEXT N
90 GOTO 40
100 REM *********** Messung ************
110 PRINT#1,CHR$(4+N);: REM Start
120 PRINT#1,CHR$(16);:  REM Adr 1 lesen
130 L=ASC(INPUT$(1,#1)):REM Lowbyte
140 PRINT#1,CHR$(8);:   REM Adr 0 lesen
150 H=ASC(INPUT$(1,#1)):REM Highbyte
160 A=H*16+L/16
170 U=A/4096*2.5:       REM Umrechnung
180 U=INT(U*1000)/1000: REM Rundung
190 RETURN
```

Listing 14 Basic-Programm zur Spannungsmessung über alle vier Kanäle des Analoginterfaces

```
procedure Messen12Bit (Kanal : Byte; var Ausgang : Integer);
var Low, High, Start   : Byte;
  begin
    Start := Kanal + 4;
    Senden (Start);
    Senden (16);
    Empfangen (Low);
    Senden (8);
    Empfangen (High);
    Ausgang := 16 * High + Low div 16;
 end;
```

Listing 15 Pascal-Prozedur zur 12-Bit-Messung

des Integratorkondensators dürfen keinen Störfeldern ausgesetzt werden. Selbstverständlich muß auch die Betriebsspannung ausreichend abgeblockt sein. Im allgemeinen zeigt sich ein sehr geringer und konstanter Nullpunkt-Offset von ca. 2...4 Schritten im 12-Bit-Modus. Bei kurzgeschlossenen Eingängen werden also schon etwa 2 mV gemessen. Ein Software-Abgleich bietet sich an.

8.1 Messung der Temperatur

Abb. 8.3 zeigt den einfachen Anschluß des Temperaturfühlers KTY81. Es handelt sich dabei um einen preiswerten PTC-Halbleiter. Er bildet zusammen mit einem 3,3-kΩ-Widerstand einen Spannungsteiler, so daß die gemessene Spannung ein Maß für die Temperatur ist. Diese Anschlußart hat den Vorteil, daß die Meßspannung und die Referenzspannung des Wandlers von der gleichen Betriebsspannung abgeleitet werden. Eventuelle Spannungsschwankungen können sich nicht negativ auswirken, da praktisch nur ein Widerstandsverhältnis bestimmt wird. Im 12-Bit-Modus des µPD7002 wird eine Temperaturauflösung von 0,1 Grad erreicht. Der KTY81 ist mit einer Grundgenauigkeit von 1 Grad erhältlich, so daß eine besondere Eichung entfallen kann.

Das Basic-Programm in *Listing 16* erlaubt die Temperaturmessung an zwei Kanälen. Im Unterprogramm ab Zeile 100 wird zunächst 20mal hintereinander eine 12-Bit-Messung ausgeführt und der Mittelwert gebildet. Der Meßwert in A ist damit sehr genau und liegt als Zahlenwert im Bereich 0...4096 vor. Zeile 230 berechnet den Widerstand R des Meßfühlers in Ohm. In die Berechnung geht der Reihenwiderstand 3300 Ω und der doppelte Meßbereich 8192 ein, da der Spannungsteiler an der doppelten Referenzspannung liegt.

Die Zeilen 240 bis 260 rechnen den Widerstand R des Meßfühlers in die Temperatur T um. Zwischen beiden besteht kein linearer Zusammenhang. Aus dem Datenblatt des KTY81 sind die folgenden drei Meßpunkte bekannt:

– 55 °C	980 Ω
25 °C	2000 Ω
100 °C	3392 Ω

Die Meßkurve weist nur eine leichte Krümmung auf. Deshalb ist es gerechtfertigt, die Werte durch eine quadratische Funktion anzunähern. Mit der Grundform

$$R = A*T^2 + B*T + C$$

lassen sich mit den obigen Werten durch Lösen von drei Gleichungen die drei Unbekannten A, B und C ermitteln:

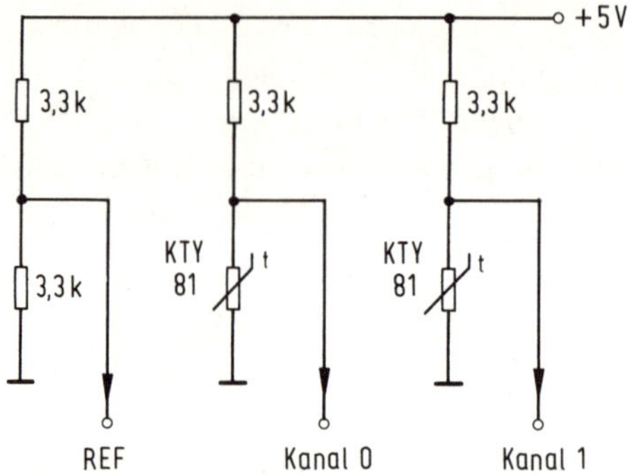

Abb. 8.3 Temperaturmessung über das 12-Bit-Analoginterface

```
10 REM     Messung der Temperatur
20 CLS
30 OPEN "COM1:1200,N,8,1" AS #1
40 FOR N=0 TO 1
50 GOSUB 100
60 LOCATE 10+5*N,1
70 PRINT "Temperatur  Kanal ";N;" = ";T;" Grad"
80 NEXT N
90 GOTO 40
100 REM *********** Messung ************
110 D=0
120 FOR M=1 TO 20
130 PRINT#1,CHR$(4+N);:   REM Start
140 PRINT#1,CHR$(16);:    REM Adr 1 lesen
150 L=ASC(INPUT$(1,#1)):  REM Lowbyte
160 PRINT#1,CHR$(8);:     REM Adr 0 lesen
170 H=ASC(INPUT$(1,#1)):  REM Highbyte
180 A=H*16+L/16
190 D=D+A
200 NEXT M
210 A = D/20:             REM mitteln
220 REM ********** Umrechnung **********
230 R=3300*A/(8192-A)
240 Q=(1629-R)/.0375
250 P=13.9/.0375
260 T=-P/2+1/2*SQR(P^2-4*Q)
270 T=(INT(10*T+.5))/10
```

Listing 16 Programm zur Temperaturmessung an zwei Kanälen

$A = 0{,}0375 \quad B = 13{,}9 \quad C = 1629$

Also gilt:

$R = 0{,}0375 * T^2 + 13{,}9 * T + 1629$

Für die Normalform der quadratischen Gleichung

$X^2 + p * X + q = 0$

gilt bekanntlich die Lösung:

$X = -p/2 \pm \sqrt{(p^2/4 - q)}$

Mit dem bekannten Wert R läßt sich die Normalform erzeugen:

$p = C/A, \; q = (C\text{-}R)/A$

Mit diesen Umrechnungen in den Zeilen 240 und 250 läßt sich die Temperatur in der Zeile 260 berechnen. Zeile 270 führt eine Rundung auf 1/10° aus.

9 EPROM-Lese- und Programmiergerät

EPROMs sind Festwertspeicher, die besonders einfach programmiert werden können und die sich durch UV-Licht auch wieder löschen lassen. Der Programmiervorgang verläuft ähnlich wie das Beschreiben eines RAMs. Zusätzlich wird jedoch eine Programmierspannung angelegt, die je nach Typ 21 V, 12,5 V oder bei älteren Typen 25 V beträgt. Außerdem werden Programmierimpulse mit einer Länge von 50 ms an das EPROM gegeben. Mit jedem Impuls wird ein Byte fest einprogrammiert. Bei diesem Vorgang bilden sich statische Ladungen auf den Gate-Elektroden von Feldeffekttransistoren, die ihre Leitfähigkeit verändern. Die einprogrammierten Zustände lassen sich beliebig oft auslesen und bleiben mindestens zehn Jahre unverändert. Nur durch den Einfluß von UV-Licht gehen die Ladungen wesentlich schneller verloren.

Die meisten heute erhältlichen EPROM-Programmiergeräte arbeiten über parallele Schnittstellen und sind wesentlich schneller als das hier beschriebene Gerät. Die Geschwindigkeit wird in erster Linie durch intelligente Programmieralgorithmen erreicht. Dabei werden sehr kurze Programmierzyklen so oft durchgeführt, bis ein Lesezyklus den richtigen Wert im EPROM liest. Das hier beschriebene Gerät ist dagegen unintelligent und arbeitet mit festen Programmierzyklen von 50 ms. Dafür kommt es mit einem sehr geringen Bauteileaufwand aus. Der besondere Vorteil liegt in der Verwendung der seriellen Schnittstelle. Damit ist von vornherein der Anschluß an sehr viele Computer möglich.

Es wird hier wieder der UART AY3-1015 verwendet, dessen Datenleitungen DI0 bis DI7 und DO0 bis DO7 zu einem bidirektionalen Bus zusammengefaßt werden. Alle Leitungen werden gebraucht, um Daten ins EPROM zu schreiben und aus dem EPROM zu lesen (vgl. *Abb. 9.1*). Damit sind über die Datenleitungen des UART keine weiteren Steuerungen mehr möglich. Die Umschaltung der Datenrichtung geschieht deshalb mit einem Schalter am Programmiergerät. Die Adressen werden durch einen Binärzähler mit zwei Zählerbausteinen 4040 erzeugt.

Das Programmieren erfolgt durch einfache Übertragung einzelner Bytes in der Reihenfolge aufsteigender Adressen. Nach jedem Byte muß eine Pause gelassen werden, die länger als 50 ms ist, aber auch beliebig verlängert werden darf.

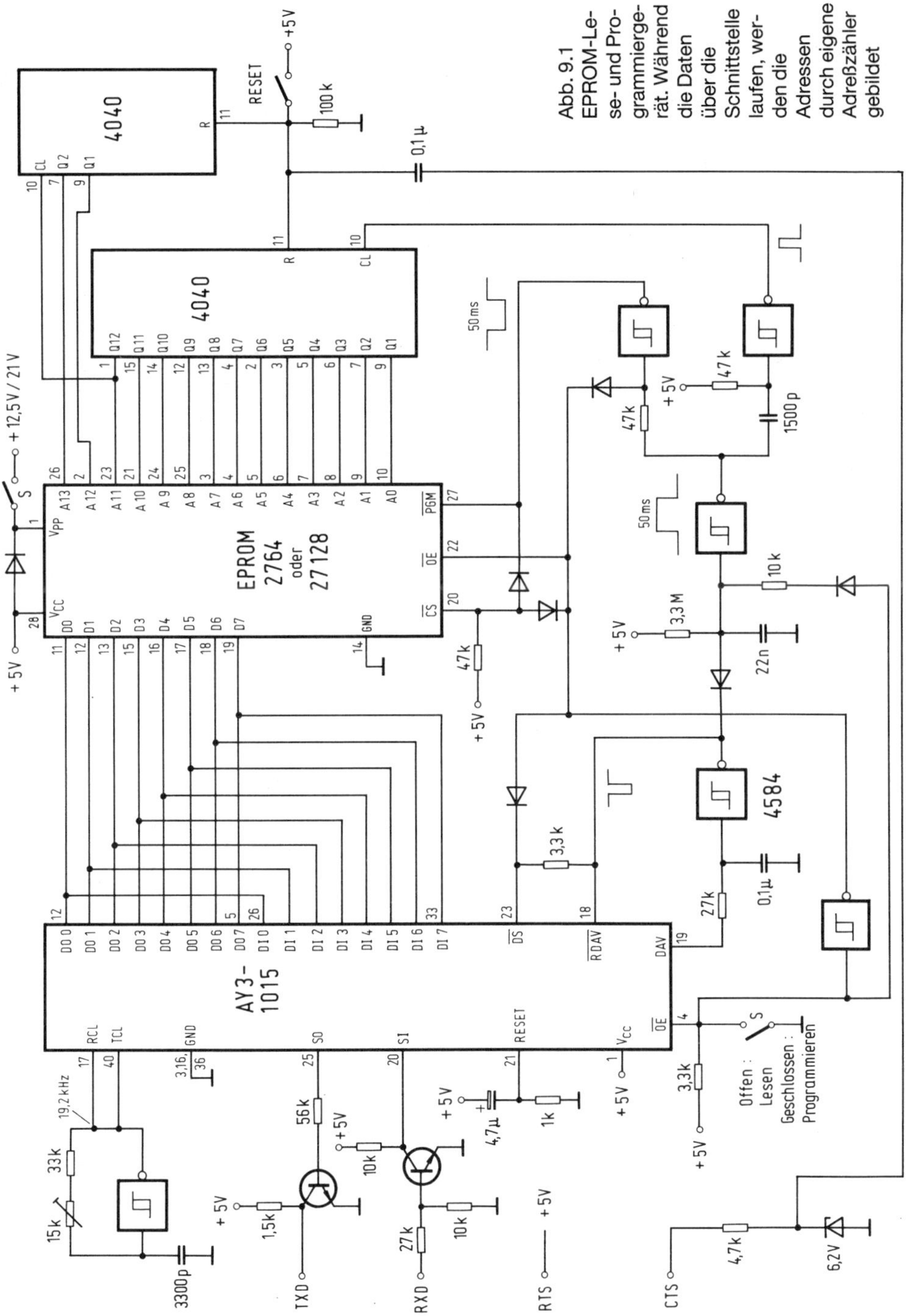

Abb. 9.1 EPROM-Lese- und Programmiergerät. Während die Daten über die Schnittstelle laufen, werden die Adressen durch eigene Adreßzähler gebildet

Die Schaltung erzeugt selbständig die Programmierimpulse und die Zählimpulse zum Weiterschalten des Adreßzählers.

Beim Auslesen eines EPROMs müssen umgekehrt einzelne Bytes in der Reihenfolge aufsteigender Adressen an den Computer gesendet werden. Es mußte dazu grundsätzlich entschieden werden, wie der Datenstrom gesteuert werden soll. Möglich ist z. B., einfach ein Byte nach dem anderen auszusenden, wobei die Schnittstelle selbstgesteuert arbeitet. Dabei müßte jedoch der Computer über seine CTS-Leitung den Datenstrom unterbrechen können, damit ein Überlaufen seines Empfangspuffers sicher vermieden werden kann. Einfacher ist die hier angewandte Methode, auch beim Auslesen einzelne Bytes zum Programmiergerät zu senden, die dann nur das Rücksenden eines ausgelesenen Bytes bewirken, nicht aber selbst ausgewertet werden. Mit dieser Methode werden zwar insgesamt doppelt so viele Daten übertragen wie eigentlich erforderlich sind. Dafür ist aber die Erstellung geeigneter Programme wesentlich einfacher, da der gesamte Ablauf voll unter der Kontrolle des Computers steht.

Die Leitung CTS wird hier zum Rücksetzen des Zählers verwendet. Zusätzlich ist zwar auch ein Reset-Schalter vorgesehen, über CTS läßt sich jedoch mit jedem Öffnen der Schnittstelle im Computer ein automatisches Rücksetzen des Zählers erreichen. Damit hat man die größere Sicherheit, die Daten an die richtigen Adressen zu programmieren. Die Datensignale TXD und RXD werden hier über Inverter mit Transistoren geschickt, damit kein weiteres IC eingesetzt werden muß.

Außer dem UART und den Adreßzählern 4040 wird nur ein weiteres IC, der sechsfache invertierende Schmitt-Trigger 4584 benötigt. Ein Inverter wird als Baudratengenerator eingesetzt. Der freischwingende Oszillator muß auf 19,2 kHz justiert werden, wenn eine Übertragungsrate von 1200 Baud gewünscht wird. Drei der übrigen Stufen sind als Monoflops mit unterschiedlichen Pulslängen geschaltet, die sich gegenseitig nacheinander triggern. Bei Programmieren erzeugt das mittlere Monoflop den Programmierimpuls von 50 ms.

In der Stellung „Programmieren" des Schalters wird $\overline{OE}$ des UART an Masse gelegt und damit die Datenausgabe an den Datenbus freigegeben. Außerdem steuert der Schalter auch andere Funktionen der Schaltung. Ein empfangenes Byte wird vom UART zuerst an den Datenbus gelegt. Dann wird DAV gesetzt. Mit der Verzögerung des ersten Monoflops gelangt ein invertierter Impuls an $\overline{RDAV}$ und setzt damit DAV zurück. So entsteht ein negativer Impuls, der durch das zweite Monoflop auf 50 ms verlängert wird. Man sollte die Impulslänge mit dem Oszilloskop überprüfen und gegebenenfalls durch Austausch des 3,3-MΩ-Widerstands oder des 22-nF-Kondensators bis auf ca. 10 % Genauigkeit abgleichen. Der Programmierimpuls wird invertiert und an $\overline{CS}$ und an $\overline{PGR}$

des EPROMs gelegt. Damit übernimmt das EPROM die Daten und „brennt" sie ein, vorausgesetzt die Programmierspannung wurde angelegt. Die hintere Flanke des Programmierimpulses triggert einen weiteren Impuls, der zum Adreßzähler gelangt und ihn um eine Stelle weiterschaltet.

In der Stellung „Empfangen" des Schalters werden die Programmierimpulse für $\overline{\text{PGM}}$ blockiert und $\overline{\text{CS}}$ wird permanent an Masse gelegt. Außerdem können nun die negativen Impulse des ersten Monoflops an $\overline{\text{DS}}$ des UART gelangen und damit die Übernahme und Aussendung eines Bytes veranlassen. Das zweite Monoflop arbeitet zwar auch in dieser Stellung, wird aber über einen 10-kΩ-Widerstand auf eine wesentlich kürzere Impulslänge eingestellt. Dieser Impuls dient nur dazu, das letzte Monoflop zur Erzeugung des Zählimpulses zu triggern.

Mit der vorgestellten Schaltung können die EPROMs 2764 (8 K) und 27128 (16 K) programmiert werden. Alle größeren und kleineren Speicher benötigen gewisse Umschaltungen, die aber hier der Übersichtlichkeit wegen nicht eingezeichnet wurden.

Listing 17 zeigt ein Programm zum Auslesen und Programmieren von EPROMs. Mit jedem Öffnen der Schnittstelle wird der Adreßzähler zurückgesetzt. Danach ist eine kurze Pause nötig, damit die ersten Daten erst dann übertragen werden, wenn der Rücksetzimpuls sicher beendet ist. Beim Programmieren wird die Wartezeit von 50 ms durch eine Zählschleife erzeugt. Zum Auslesen muß für jedes Byte zunächst ein beliebiges Byte zum Gerät gesendet werden.

```
100 REM EPROM lesen und programmieren
110 PRINT "a  EPROM lesen,   b programmieren,   c vergleichen "
120 B$= INKEY$
130 IF B$="a" GOTO 170
140 IF B$="b" GOTO 310
150 IF B$="c" GOTO 440
160 GOTO 120
170 REM ******************** Lesen **************************
180 INPUT "Dateiname"; C$
190 OPEN C$ FOR OUTPUT AS #1
200 OPEN "COM1:1200,N,8,1"  AS #2
210 INPUT "Groesse des EPROMs in Byte ";N
220 FOR M = 1 TO N
230 PRINT#2, CHR$ (0);
240 B$ = INPUT$ (1,#2)
250 PRINT ASC (B$);
260 PRINT#1, (ASC (B$));
270 NEXT M
280 CLOSE #1, #2
```

```
290 PRINT "Wurde abgespeichert in der Datei: ";C$
300 GOTO 110
310 REM **************** Programmieren *******************
320 INPUT "Dateiname"; C$
330 OPEN C$ FOR INPUT AS #1
340 OPEN "COM1:1200,N,8,1" FOR OUTPUT AS #2
350 FOR N=1 TO 1000: NEXT N
360 INPUT#1,B
370 PRINT B;
380 FOR N= 1 TO 100 : NEXT N
390 PRINT#2, CHR$ (B) ;
400 IF EOF(1) GOTO 420
410 GOTO 360
420 CLOSE #1, #2
430 GOTO 110
440 REM ******************* Vergleichen *******************
450 INPUT "Dateiname"; C$
460 OPEN C$ FOR INPUT AS #1
470 OPEN "COM1:1200,N,8,1" AS #2
480 FOR N= 1 TO 1000: NEXT N
490 INPUT#1,B
500 PRINT#2, CHR$ (0);
510 B$ = INPUT$ (1,#2)
520 C= ASC (B$)
530 PRINT  C;
540 IF C < B THEN PRINT "Eprom war nicht leer!"
550 IF C > B THEN PRINT "Programmierung wiederholen!"
560 IF EOF (1)  GOTO 580
570 GOTO 490
580 CLOSE #1, #2
590 GOTO 110
```

Listing 17 Das Programm zum EPROM-Gerät erlaubt das Lesen, Programmieren und Überprüfen von EPROMs

10 Ein paralleler Interface-Bus

Computer verwenden intern einen parallel arbeitenden Datenbus, auf dem in beiden Richtungen Daten übertragen werden. Im allgemeinen steht der Datenaustausch ganz unter der Kontrolle der CPU. Sie legt über die Adreßleitungen fest, von wo oder wohin Daten transportiert werden sollen. Außerdem bedient sie mehrere Steuerleitungen, die verschiedene Peripheriebausteine aktivieren und die Datenrichtung festlegen. So werden Daten z. B. in bestimmte Speicheradressen geschrieben oder von dort gelesen. Mit dem gleichen Verfahren können aber auch Datenports, A/D-Wandler, D/A-Wandler, Zähler usw. angesprochen werden. Es ist üblich, Meß- und Steuereinrichtungen direkt mit dem Computerbus zu verbinden.

Ein ähnliches Verfahren ist auch unter Verwendung der seriellen Schnittstelle anwendbar. In einem speziellen Interface werden dabei die seriell übertragenen Daten so eingesetzt, daß ein Computerbus mit Adreßleitungen, Datenleitungen und Steuerleitungen nachgebildet wird. Über die serielle Schnittstelle werden nicht nur Daten, sondern auch Adressen übertragen. Soll ein Datenbyte in eine bestimmte Adresse des Interfaces geschrieben werden, dann wird zunächst die Adresse als ein Byte gesendet, dann das Datenbyte. Das nächste Byte soll dann vom Interface wieder als Adresse interpretiert werden. Praktisch muß sich im Interface also ein Umschalter befinden, der die empfangenen Daten abwechselnd auf den Adreßbus und auf den Datenbus legt.

Sollen Daten von einer bestimmten Adresse ausgelesen werden, dann soll dazu die Adresse zusammen mit einem Steuerbit „Lesen" gesendet werden. Das Interface liest die entsprechende Adresse aus und überträgt das Datenbyte seriell an den Computer. Wenn danach wieder ein Byte empfangen wird, dann muß es erneut als Adresse interpretiert werden. Das Steuerbit blockiert also den Datenumschalter. Im beschriebenen Interface wird das höchstwertige Bit (128) des Adreßbytes als Steuerbit verwendet. Das bedeutet zugleich, daß nur sieben Bits für den eigentlichen Adreßbus zur Verfügung stehen. Damit lassen sich immerhin noch 128 Adressen ansprechen, was wohl fast immer ausreichen wird.

Typische busorientierte Peripheriebausteine haben neben den Datenleitungen und Adreßleitungen zumindest noch einen Eingang zur Aktivierung des Bausteins. Ein kurzer Impuls an diesem Eingang bewirkt je nach Art des Bausteins, daß Daten vom Datenbus übernommen werden oder auf den Datenbus gelegt werden. Im Ruhezustand müssen aber alle Datenleitungen hochohmig sein, um den Datenaustausch anderer Elemente nicht zu behindern. Bausteine, die mit nur einer Steuerleitung auskommen, übernehmen zumeist nur Daten vom Datenbus und speichern sie intern in Datenregistern. Beispiele dafür sind der Portbaustein 74LS374 und der D/A-Wandler ZN428.

Alle Bausteine, die über den Datenbus lesen und schreiben können, benötigen zusätzlich zur Bausteinaktivierung eine Schreib-/Leseumschaltung. Hierbei gibt es im wesentlichen zwei Verfahren, die sich an den Steuerleitungen bestimmter Prozessorfamilien orientieren (*vgl. Abb. 10.1*). Für Bausteine der 6502-Familie wird die Datenrichtung mit einer Leitung $R/\overline{W}$ vorgegeben. Erst dann wird der Baustein über die Leitung $\overline{CE}$ aktiviert. Zusätzlich wird oft noch die Leitung $\overline{CS}$ verwendet, um den Baustein anzuwählen. Der kürzere Impuls $\overline{CE}$ bestimmt dann die Zeit, in der der Baustein mit dem Datenbus verbunden ist. $\overline{CS}$ und $\overline{CE}$ sind meist intern und-verknüpft und können untereinander vertauscht werden.

Die Prozessoren der Z80-Familie verwenden zwei getrennte Leitungen zum Aktivieren der Datenrichtungen Schreiben und Lesen. Hier muß zunächst der Baustein mit $\overline{CS}$ angewählt werden. Es folgt dann entweder ein kurzer $\overline{WR}$-Impuls oder, wenn Daten gelesen werden sollen, ein kurzer $\overline{RD}$-Impuls.

Beiden Prozessorfamilien ist die Verwendung der $\overline{CS}$-Signale gemeinsam. Sie werden aus den Adreßleitungen durch Decodieren bestimmter Adressen oder Adreßbereiche gewonnen. Das beschriebene Interface teilt den vorhandenen Adreßraum z. B. in acht Bereiche zu je 16 Adressen. Zu jedem dieser Bereiche

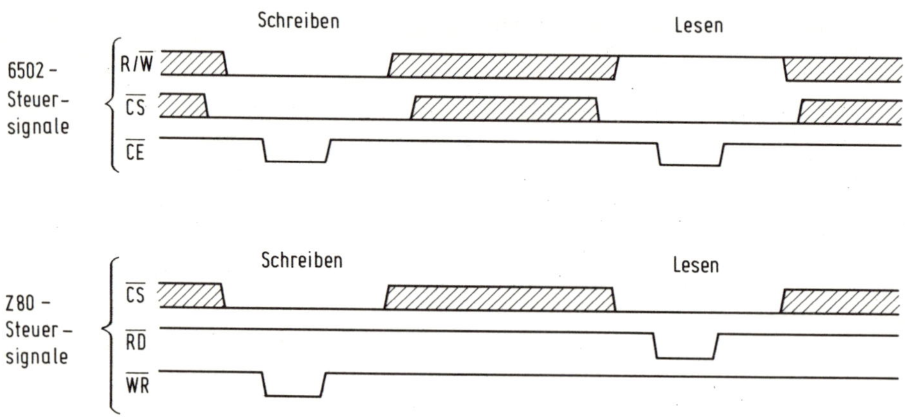

Abb. 10.1 Steuersignale für Peripheriebausteine der beiden wichtigsten Prozessorfamilien

gehört eine Aktivierungsleitung (Y0...Y7). Sie liefern die $\overline{CS}$-Signale für acht Bausteine oder Funktionsgruppen. Als Steuerleitungen werden die Datenrichtungssignale R/$\overline{W}$ (6502-kompatibel) und die beiden Leitungen $\overline{WR}$ und $\overline{RD}$ (Z80-kompatibel) zur Verfügung gestellt. Es sind also unterschiedliche Peripheriebausteine anschließbar.

Abb. 10.2 zeigt das Schaltbild des Interfaces. Der UART AY3-1015 mit seinem Taktgenerator ist bereits bekannt. Es ist aber erkennbar, daß hier die Datenleitungen für Empfang und Sendung parallelgeschaltet wurden. Das ist möglich, weil die Ausgabeleitungen DO0 bis DO7 während eines Lesezyklus über einen positiven Pegel an $\overline{OE}$ gesperrt werden. Neben dem UART sind noch die folgenden Funktionsblöcke zu unterscheiden:

Das Daten-Latch 74LS374 dient als Register zum Auffangen der gesendeten Adressen. Ein negativer Impuls an seinem Strobe-Eingang ($\overline{STR}$) bestimmt, wann Daten vom Datenbus auf den Adreßbus übernommen werden. Das höchstwertige Bit wird hier nicht auf den Adreßbus gelegt, sondern bildet das Steuerbit „Lesen“.

Das D-Flipflop 4013 dient als Umschalter für die Interpretation empfangener Bytes als Adressen oder Daten. Über seinen Clock-Eingang wird das Flipflop nach jedem empfangenen Byte umgeschaltet. Ist allerdings das Steuerbit gesetzt, dann bleibt es über den Set-Eingang zwangsweise gesetzt.

Der Dezimalzähler 4017 erzeugt alle internen Steuersignale und bildet damit die zentrale Ablaufsteuerung. Er erhält sein Taktsignal von Q4 des Baudratengenerators (ca. 300 kHz) und zählt damit bis zum Zustand 7. Hier bleibt er stehen, da über $\overline{CLE}$ der Takt blockiert wird. Mit jedem vom UART empfangenen Byte wird der Zähler aber über einen negativen Impuls von DAV an den Reset-Eingang für einen neuen Zyklus freigegeben.

Der Adreßdecoder 74LS138 erzeugt aus den Adreßsignalen und Impulsen der Ablaufsteuerung die Aktivierungssignale der Peripheriebausteine. Diese Impulse haben die Dauer der Zustände 3 und 4 der Ablaufsteuerung. Sie werden unterdrückt, wenn ein Byte als Adreßbyte übertragen wurde und das Steuerbit „Lesen“ nicht gesetzt ist.

Die internen Signale des Interfaces sind meist an mehrere Bedingungen geknüpft und werden über Und-Gatter erzeugt. Der Strobe-Impuls des Daten-Latches LS374 wird geliefert, wenn das Steuer-Flipflop gesetzt ist und nach dem Empfang eines Bytes die Ablaufsteuerung die Stellung „1“ erreicht. In diesem Fall werden die Daten vom Datenbus auf den Adreßbus übernommen. Enthielt das gesendete Adreßbyte kein gesetztes Steuerbit (128), dann muß das nächste empfangene Byte als Datenbyte interpretiert werden. Das Steuer-Flipflop kippt

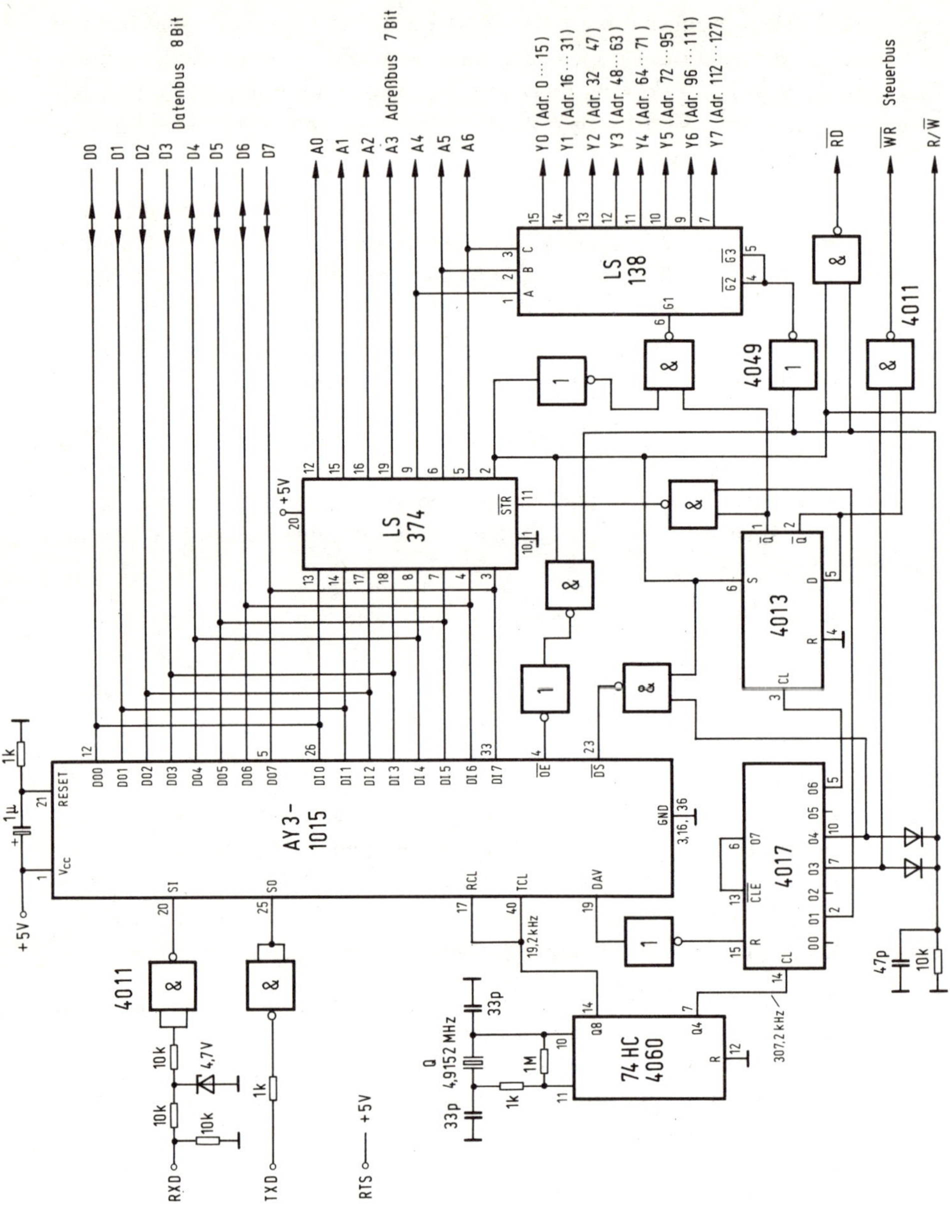

Abb. 10.2 Der parallele Interface-Bus stellt Datenleitungen, Adreßleitungen und Steuersignale zur Verfügung

also um, so daß beim nächsten Byte kein Strobe-Impuls mehr an das Adreß-Latch gelangt und die Adresse erhalten bleibt. Dafür wird aber der Adreßdecoder LS138 freigegeben, um während der Zustände 3 und 4 einen Enable-Impuls an einem seiner Ausgänge zu erzeugen. Zusätzlich wird im Zustand „3“ ein $\overline{WR}$-Impuls erzeugt.

War bei der Übertragung der Adresse das Steuerbit gesetzt, dann soll im gleichen Ablaufzyklus ein Datenbyte von der entsprechenden Adresse gelesen und seriell zurückgesendet werden. Die Übernahme von Daten in den UART und ihre Aussendung wird über einen Impuls am Eingang $\overline{DS}$ gesteuert. Dieser Impuls entsteht im Zustand 4 der Ablaufsteuerung, wenn das Steuerbit am Ausgang des Adreßregisters steht. Gleichzeitig muß aber die Datenausgabe des UART über einen positiven Impuls an $\overline{OE}$ blockiert werden. Dies geschieht in den Zuständen 3 und 4 der Ablaufsteuerung. Dabei werden die Datenausgänge des UART hochohmig, während gleichzeitig ein Peripheriebaustein seine Daten auf den Bus legen darf. Dazu wird der Adreßdecoder freigegeben und gleichzeitig die $\overline{RD}$-Leitung auf Null gelegt. Erst in der zweiten Hälfte des Lesezyklus veranlaßt der Impuls an $\overline{DS}$ die Datenübernahme in den UART, so daß bereits gültige Daten auf dem Bus stehen.

Die alternativ zur Verfügung stehende Datenrichtungsleitung R/$\overline{W}$ für 6502-kompatible Peripherie ist direkt mit dem höchstwertigen Ausgang des Adreß-Latches verbunden und trägt daher das gespeicherte Steuerbit „Lesen“. Damit ist die Datenrichtung eines Bausteins schon zwei Taktlängen vor dem Erscheinen des Freigabeimpulses umgeschaltet. Der Status der Datenrichtung überlappt den Freigabeimpuls, wie es für 6502-Peripheriebausteine gefordert wird.

Der Adreßdecoder LS138 liefert Freigabeimpulse für acht Bausteine oder Gruppen von Bausteinen. Dabei werden die 128 zur Verfügung stehenden Adressen in acht Bereiche mit jeweils 16 Adressen unterteilt. Der Ausgang Y0 aktiviert damit den Bereich 0...15, Ausgang Y1 den Bereich 16...31 usw., bis zum höchsten Bereich 112...127. Die einzelnen Adressen innerhalb eines Bereichs werden durch den Zustand der Adreßleitungen A0 bis A3 angewählt. Wertet man sie nicht aus, dann ist ein Baustein unter allen Adressen des Bereichs ansprechbar. Man kann aber einen weiteren Adreßdecoder nachschalten, um mehrere Bausteine in einem Bereich zu adressieren. Komplexere Bausteine haben mehrere Register unter verschiedenen Adressen. Sie benötigen deshalb neben dem Freigabeimpuls auch noch Adreßleitungen.

Listing 18 zeigt ein kleines Pascal-Programm für den direkten Zugriff auf den Interface-Bus. Damit lassen sich alle Adressen beliebig beschreiben und auslesen. Die Prozeduren „BusIn“ und „BusOut“ werden auch in den folgenden Kapiteln immer wieder verwendet, um Peripherie am Interface-Bus anzusprechen. Sie sollten daher in das Unit „RS232“ aufgenommen werden.

```
program Bus;
uses Crt, RS232;
var   Adresse,    Datum,   Wert:   Byte;
      Ch                       :   Char;
```

```
procedure BusOut (Adresse,Datum : Byte);
   begin
     Senden (Adresse);
     Senden (Datum);
   end;

procedure BusIn (Adresse : Byte; var Wert: Byte);
   begin
     Adresse := Adresse + 128;
     Senden (Adresse);
     Empfangen (Wert);
   end;

procedure Schreiben;
begin
  write ('Adresse    Datum ');
  read (Adresse, Datum);
  BusOut (Adresse, Datum);
end;

procedure Lesen;
begin
  write ('Auslesen Adresse ');
  read (Adresse);
  BusIn (Adresse, Wert);
  writeln (Wert);
end;


begin
  Oeffnen;
  writeln ('o Schreiben   i Lesen   e Ende');
  repeat
    Ch := ReadKey;
    case Ch of
      'o'   :  Schreiben;
      'i'   :  Lesen;
    end;
  until (Ch = 'e')
end.
```

Listing 18 Programm zum freien Zugriff auf den Interface-Bus. Die Prozeduren BusIn und BusOut sollen in das Unit „RS232.TPU“ aufgenommen werden

Im folgenden werden einige busorientierte Peripheriebausteine mit ihrem Anschluß an den parallelen Interfacebus vorgestellt.

10.1 Der Portbaustein 8255

Dieser Baustein [6] enthält 24 Ein-/Ausgabekanäle, die sich auf drei parallele Ports mit je acht Bit aufteilen. Zusätzlich gibt es ein Steuerregister, das die Art des Datenaustauschs festlegt. Es ist unter der höchsten der vier Adressen des Bausteins ansprechbar.

Die drei Ports A, B und C werden intern in zwei Gruppen eingeteilt, wobei der Port C je zur Hälfte zu beiden Gruppen gehört. Es gibt drei Betriebsarten. Die Betriebsarten 1 und 2 sind für spezielle Datenübertragungsprotokolle mit Handshake-Signalen bestimmt. Hier soll nur die Betriebsart 0 für die einfache Datenausgabe oder Dateneingabe über alle 24 Leitungen beschrieben werden. Dabei kann über entsprechende Steuerworte jeder Port unabhängig von den anderen als Eingangsport oder als Ausgangsport geschaltet werden. Der Port C kann auch zur Hälfte für Eingaben und zur anderen Hälfte für Ausgaben verwendet werden. Die folgende Tabelle zeigt den Aufbau des Steuerwortes:

Gruppe B:	
Bit 0	Port C (Bits 0...3) 1 = Lesen, 0 = Schreiben
Bit 1	Port B 1 = Lesen, 0 = Schreiben
Bit 2	Betriebsart Gruppe B, 0 (low) oder 1 (high)
Gruppe A:	
Bit 3	Port C (Bits 4...7) 1 = Lesen, 0 = Schreiben
Bit 4	Port A 1 = Lesen, 0 = Schreiben
Bit 5 und	Betriebsart Gruppe A, 00 = Art 0, 01 = Art 1,
Bit 6	10 oder 11 = Art 2
Betriebsarten-Kennzeichen:	
Bit 7	normalerweise immer gesetzt

Die folgende Tabelle zeigt alle Steuerworte, die in der Betriebart 0 möglich sind.

Steuerwort			Ausgabe (o) / Eingabe (i)			
Bin	*Hex*	*Dez*	*A*	*B*	*C(0...3)*	*C(4...7)*
10000000	80	128	o	o	o	o
10000001	81	129	o	o	i	o
10000010	82	130	o	i	o	o
10000011	83	131	o	i	i	o
10001000	88	136	o	o	o	i
10001001	89	137	o	o	i	i
10001010	8A	138	o	i	o	i

Steuerwort			Ausgabe (o) / Eingabe (i)			
Bin	*Hex*	*Dez*	*A*	*B*	*C(0...3)*	*C(4...7)*
10001011	8B	139	o	i	i	i
10010000	90	144	i	o	o	o
10010001	91	145	i	o	i	o
10010010	92	146	i	i	o	o
10010011	93	147	i	i	i	o
10011000	98	152	i	o	o	i
10011001	99	153	i	o	i	i
10011010	9A	154	i	i	o	i
10011011	9B	155	i	i	i	i

Die vier Register des Bausteins sind unter den folgenden internen Adressen erreichbar:

Port A:	Adresse 0
Port B:	Adresse 1
Port C:	Adresse 2
Steuerregister:	Adresse 3

Abb. 10.3 zeigt den Anschluß des 8255 an den parallelen Bus. Neben den Datenleitungen und den Steuerleitungen werden zwei Adreßleitungen angeschlossen. Das $\overline{CS}$-Signal kommt von Y0 des Adreßdecoders. Damit ist der Baustein unter den Adressen 0 bis 3 ansprechbar. Da die Adreßleitungen A2 und A3 nicht decodiert werden, spiegelt sich der Adreßbereich des Bausteins insgesamt viermal. Die interne Adresse 1 (Port B) ist also z. B. unter der Adresse 1, 5, 9 und 13 anzusprechen. Da aber noch genügend Adressen zur Verfügung stehen, stört dies nicht.

Mit dem Einschalten der Betriebsspannung erhält der Baustein einen Reset-Impuls zur Initialisierung. Damit sind alle drei Ports als Eingabeports geschaltet. Die Zustände ihrer Anschlüsse können also sofort unter den Adressen 0 bis 2 abgefragt werden. Durch ein entsprechendes Steuerwort können einige oder alle Leitungen als Ausgabeleitungen verwendet werden. Dabei werden zunächst alle Ausgangsleitungen auf Null gesetzt. Daten, die in die entsprechenden Portadressen geschrieben werden, erscheinen als Bitmuster an den Ausgängen. Eine Leseoperation gibt das hineingeschriebene Byte zurück. Wenn mit einem neuen Steuerwort einige Portleitungen neu konfiguriert werden sollen, werden auch solche Datenleitungen zurückgesetzt, die schon vorher als Ausgabeleitungen gesetzt waren.

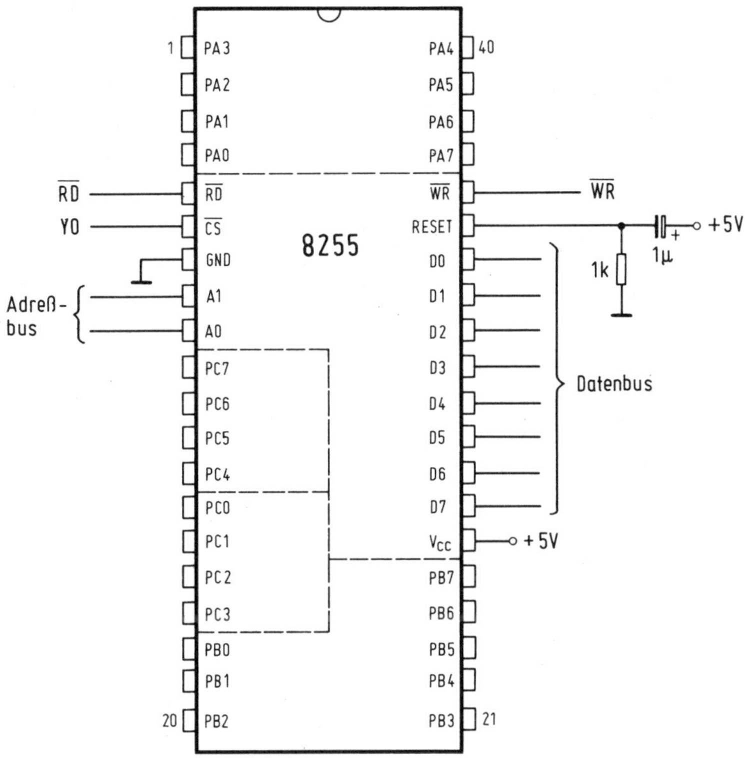

Abb. 10.3 Anschluß des Portbausteins 8255 an den Interface-Bus

Beim Betrieb über die serielle Schnittstelle muß jeweils zuerst die Adresse eines Registers gesendet werden, dann die Daten. Sollen z. B. die Ports A und B als Ausgabeleitungen benutzt werden und jeweils mit allen Bits gesetzt werden und Port C als Leseport verwendet werden, dann sieht die Übertragung so aus:

Adresse	Sendedaten	Empfangsdaten	Kommentar
3	137		Steuerwort
0	255		Ausgabe Port A
1	255		Ausgabe Port B
2+128		XX	Lesen Port C

Bei der Leseoperation wurde das höchste Bit zusätzlich gesetzt, der Adresse (2) also 128 hinzuaddiert. Ausgabe- und Leseoperationen können nun beliebig oft wiederholt werden. Das Steuerwort bleibt wirksam, bis es im Steuerregister überschrieben wird.

Alle als Eingabeleitungen geschalteten Ports des 8255 sind extrem hochohmig, so daß offene Leitungen keinen eindeutigen Pegel zeigen. Die Ausgänge sind TTL-kompatibel. Die Ports B und C sind in der Lage, direkt Transistoren oder Darlington-Transistoren anzusteuern. Diese Ausgänge sind kurzschlußfest und liefern einen Strom von ca. 2 mA. Zusammen mit Darlington-Transistoren lassen sich sehr einfache Schaltstufen aufbauen. Weitere Beispiele für die Anwendung des Portbausteins sind: Anschluß mehrerer D/A-Wandler, Anschluß von D/A-Wandlern bis zu 16 Bit, Auslesen von Festwertspeichern bis zu 64 KByte, Steuerung von Schrittmotoren, Steuerung vieler Verbraucher, Ausgabe von Daten an Siebensegment-Anzeigen, Überwachen vieler Kontakte oder Lichtschranken, Einlesen großer Zählerstände.

10.2 Der programmierbare Zähler 8253

Der 8253 [6] enthält drei 16-Bit-Abwärtszähler, die unabhängig voneinander in unterschiedlichen Modi betrieben werden können. Sie haben jeweils drei Anschlüsse: Takteingang (CL), Gate (G) und Ausgang (O). Jeder Zähler kann mit einem beliebigen 16-Bit-Startwert geladen und auf unterschiedliche Art gestartet werden.

Je nach Betriebsart wird der Zähler einmal oder wiederholt mit dem Startwert geladen und zurückgezählt. Ein erneuter Start kann automatisch erfolgen oder durch Impulse am Gate-Eingang ausgelöst werden. Am Ausgang können Einzelimpulse, Impulsfolgen oder Rechtecksignale entstehen. Der Zählerstand ist über den Datenbus bei laufendem oder stehendem Zähler auszulesen. Jeder Zähler wird für eine Aufgabe eingerichtet, indem zunächst seine Betriebsart in das Steuerregister geschrieben und dann Lowbyte und Highbyte des voreingestellten Zählerwertes übertragen wird. Hier die Betriebsarten im einzelnen:

- *Betriebsart 0, verzögerte Flanke:*

Sobald diese Betriebsart für einen Zähler gesetzt wurde, geht der entsprechende Ausgang auf Null. Der Zähler startet erst, wenn der Gate-Eingang auf Eins liegt und der Startwert vollständig geladen wurde. Beim ersten Erreichen des Zählerstandes Null wird der Ausgang hochgesetzt. Der Zähler zählt weiter, wobei er beim negativen Überlauf jeweils mit 65535 wieder beginnt. Der Ausgang geht erst mit einem erneuten Laden des Startwertes wieder auf Null. Während allerdings der Zähler erst mit dem vollständig geladenen Startwert startet, wird der Ausgang bereits mit dem Laden des Lowbytes heruntergesetzt. Praktisch läßt sich diese Betriebsart zum Erzeugen einzelner negativer Impulse definierter Länge einsetzten. Nachteilig ist dabei aber, daß die Übertragungszeiten für das Highbyte des Startwertes mit in die Impulszeit eingehen. Der

Zähler wird auch unterbrochen und der Ausgang hochgesetzt, wenn der Gate-Eingang auf Null geht.

- *Betriebsart 1, Monoflop:*

Diese Betriebsart ähnelt der Betriebsart 0, mit dem wichtigen Unterschied, daß Zählerstart und der Beginn des negativen Impulses nicht softwaremäßig ausgelöst werden, sondern von einer positiven Flanke am Gate-Eingang. Der Ausgang ist jeweils genau für die Zeit des Herunterzählens vom Startwert bis Null low und geht dann wieder hoch. Jede positive Flanke am Gate-Eingang startet den Zähler mit dem eingegebenen Startwert neu. Setzt man den Gate-Eingang bei noch laufendem Zähler zurück, dann stoppt der Zählvorgang, wobei der Ausgang low bleibt.

- *Betriebsart 2, Impulsgenerator:*

Der Zähler wird bei jedem Nulldurchgang erneut mit seinem Startwert geladen und erzeugt dabei an seinem Ausgang negative Impulse von der Länge einer Taktperiode. Es entsteht eine Impulsfolge mit einstellbarer Periode. Ein negatives Signal am Gate-Eingang unterbricht den Zählvorgang und setzt den Ausgang hoch. Die Impulsfolge kann also von einer tieferen Frequenz am Gate-Eingang moduliert werden. Der Zähler kann im laufenden Betrieb mit einem neuen Startwert geladen werden, ohne daß eine Unterbrechung der Ausgangsimpulse auftritt.

- *Betriebsart 3, Rechteckgenerator:*

Der Zähler erzeugt bei geraden Startwerten genau symmetrische Rechtecksignale am Ausgang, bei ungeraden Startwerten ist der High-Pegel um eine Taktperiode länger. Die Ausgangsfrequenz ist der Quotient aus Taktfrequenz und Startwert (Teiler). Die Teilerverhältnisse 1 und 3 sind nicht erlaubt. Der Zähler wird jeweils in Zweierschritten heruntergezählt und schaltet seinen Ausgang bei jedem Nulldurchgang um. Ein negatives Signal am Gate-Eingang stoppt ihn und setzt den Ausgang zurück. Eine positive Flanke gibt den Zähler erneut frei. Diese Betriebsart kann benutzt werden, um Rechtecksignale tieferer Frequenz aus dem Taktsignal herunterzuteilen. Die Frequenz kann im laufenden Betrieb neu festgelegt werden, ohne daß eine Unterbrechung des Ausgangssignals entsteht. Jeder neue Teilerfaktor wird mit der vollständigen Übertragung von Lowbyte und Highbyte wirksam. Beim ersten Setzen der Betriebsart beginnt der Zähler mit einem High-Pegel am Ausgang.

- *Betriebsart 4, Strobeimpuls nach Wartezeit:*

Der Zähler startet nach dem Eingeben des Startwertes, wenn der Pegel am Gate-Eingang positiv ist. Beim Nulldurchgang wird ein einzelner negativer

Impuls von einer Taktlänge erzeugt. Ein negatives Gate-Signal vor dem Erreichen von Null stoppt den Zähler und verhindert den Impuls. Ein neuer Start ist nur durch neues Laden des Startwertes möglich. Damit ähnelt Betriebsart 4 der Betriebsart 0, mit dem Unterschied, daß nicht ein positives Ausgangssignal, sondern ein negativer Impuls erzeugt wird.

- *Betriebsart 5, Verzögerungsglied:*

Der Zähler startet mit jeder positiven Flanke am Gate-Eingang neu. Beim ersten Nulldurchgang erzeugt er einen negativen Impuls einer Taktlänge. Unter der Voraussetzung, daß die eingestellte Verzögerungszeit kleiner als die Taktperiode des Gate-Signals ist, werden jeweils gegenüber der positiven Flanke des GATE-Signals verzögerte Impulse erzeugt. Die Verzögerungszeit muß kürzer als die Periode des Gate-Signals sein. Ist sie länger eingestellt, dann bleibt der Ausgang hochgesetzt und es entstehen keine Impulse.

Der Baustein enthält vier interne Adressen:

0: Daten für oder von Zähler 0
1: Daten für oder von Zähler 1
2: Daten für oder von Zähler 2
3: Steuerwort, kein Lesen möglich

Da es sich jeweils um 16-Bit-breite Zähler handelt, bestehen eingeschriebene Startwerte oder ausgelesene Zählerstände jeweils aus zwei Bytes, Lowbyte und Highbyte. Über das Steuerwort kann angegeben werden, ob jeweils nur das Lowbyte, das Highbyte oder beide nacheinader übertragen werden sollen. Im letzteren Fall werden die Lese- oder Schreiboperationen intern mitgezählt und Lowbyte und Highbyte zugeordnet. Ein eingeschriebener Startwert wird immer erst dann in den Zähler geladen, wenn bei hochgesetztem Gate-Eingang ein Taktimpuls an den Takteingang gelangt. Soll der Zählerstand eines laufenden Zählers ausgelesen werden, dann kann der aktuelle Zählerstand zwischengespeichert werden.

Jedes Steuerwort betrifft nur einen der drei Zähler und beeinflußt laufende Vorgänge in den anderen Zählern nicht. Außer der Zählernummer und der gewünschten Datenübertragungsart für Lowbyte und Highbyte enthält es die Betriebsart und die Option, einen Zähler als 4-Dekaden-Dezimalzähler zu betreiben. Die folgende Tabelle zeigt den Aufbau des Steuerwortes:

Bit 0	Binärzähler (0) oder Dezimalzähler (1)
Bit 1 bis Bit 3	000 = Betriebsart 0, 001 = Betriebsart 1 010 = Betriebsart 2, 011 = Betriebsart 3 100 = Betriebsart 4, 101 = Betriebsart 5

Bit 4 und Bit 5	00 = Zählerstand zwischenspeichern 01 = nur höherwertiges Byte übertragen 10 = nur niederwertiges Byte übertragen 11 = erst Lowbyte, dann Highbyte
Bit 6 und Bit 7	00 = Zähler 0, 01 = Zähler 1, 10 = Zähler 2, 11 ist verboten

In den meisten Fällen wird man die Zähler im Binär-Modus betreiben und die Startwerte in zwei Schritten als Lowbyte und Highbyte übertragen. Die folgende Tabelle zeigt alle Steuerworte mit diesen Vorentscheidungen.

	Steuerwort			
Bin	Hex	Dez	Kanal	Betriebsart
00110000	30	48	0	0
00110010	32	50	0	1
00110100	34	52	0	2
00110110	36	54	0	3
00111000	38	56	0	4
00111010	3A	58	0	5
01110000	70	112	1	0
01110010	72	114	1	1
01110100	74	116	1	2
01110110	76	118	1	3
01111000	78	120	1	4
01111010	7A	122	1	5
10110000	B0	176	2	0
10110010	B2	178	2	1
10110100	B4	180	2	2
10110110	B6	182	2	3
10111000	B8	184	2	4
10111010	BA	186	2	5

Abb. 10.4 zeigt den Anschluß des Zählers an den parallelen Interface-Bus. Er wird hier mit der Freigabeleitung Y1 verbunden. Damit belegt er die Adressen ab 16. Der 8253 kann je nach Ausführung mit Taktfrequenzen bis 2 MHz oder bis 5 MHz arbeiten. Oft läßt sich der Baudratengenerator für das Taktsignal des Zählers mitverwenden. Es sollen z. B. aus der Taktfrequenz 2,4576 MHz in der Betriebsart 3 drei Rechtecksignale mit 100 Hz, 150 Hz und 200 Hz herunterge-

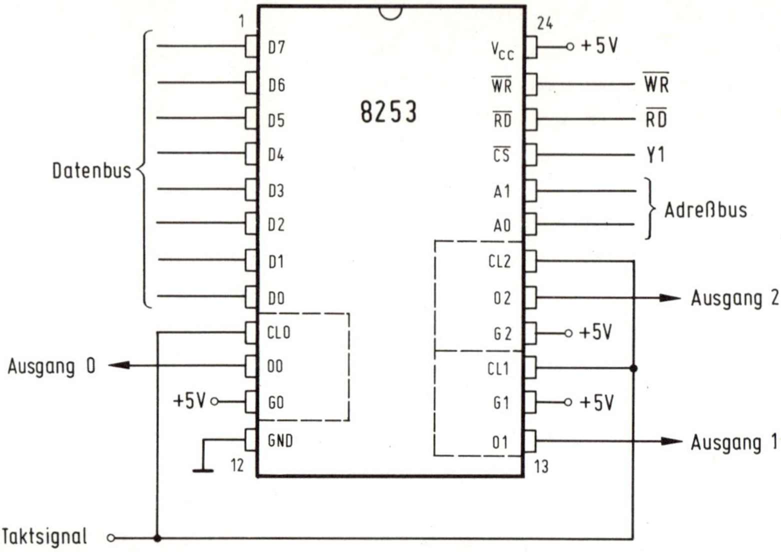

Abb. 10.4 Der 8253 enthält drei unabhängige 16-Bit-Zähler

teilt werden. Dabei ergeben sich die Teilerfaktoren 24576 (Highbyte 96, Lowbyte 0), 16384 (Highbyte 144, Lowbyte 0) und 12288 (Highbyte 192, Lowbyte 0). Die Steuerworte dürfen zusammen am Anfang eingegeben werden, da sie für jeden Zähler separat gespeichert bleiben. Die Datenübertragung zum Interface sieht dann so aus:

Adresse	Sendedaten	Empfangsdaten	Kommentar
19	54		Steuerwort Kanal 0
19	118		Steuerwort Kanal 1
19	182	k	Steuerwort Kanal 2
16	96	e	Lowbyte Kanal 0
16	0	i	Highbyte Kanal 0
17	144	n	Lowbyte Kanal 1
17	0	e	Highbyte Kanal 1
18	192		Lowbyte Kanal 2
18	0		Highbyte Kanal 2

10.3 8-Bit-Ein-/-Ausgabe-Bausteine

Oft werden für begrenzte Aufgaben Ports mit nur wenigen Schreib- oder Leseleitungen benötigt, so daß sich die Verwendung z. B. eines 8255 nicht

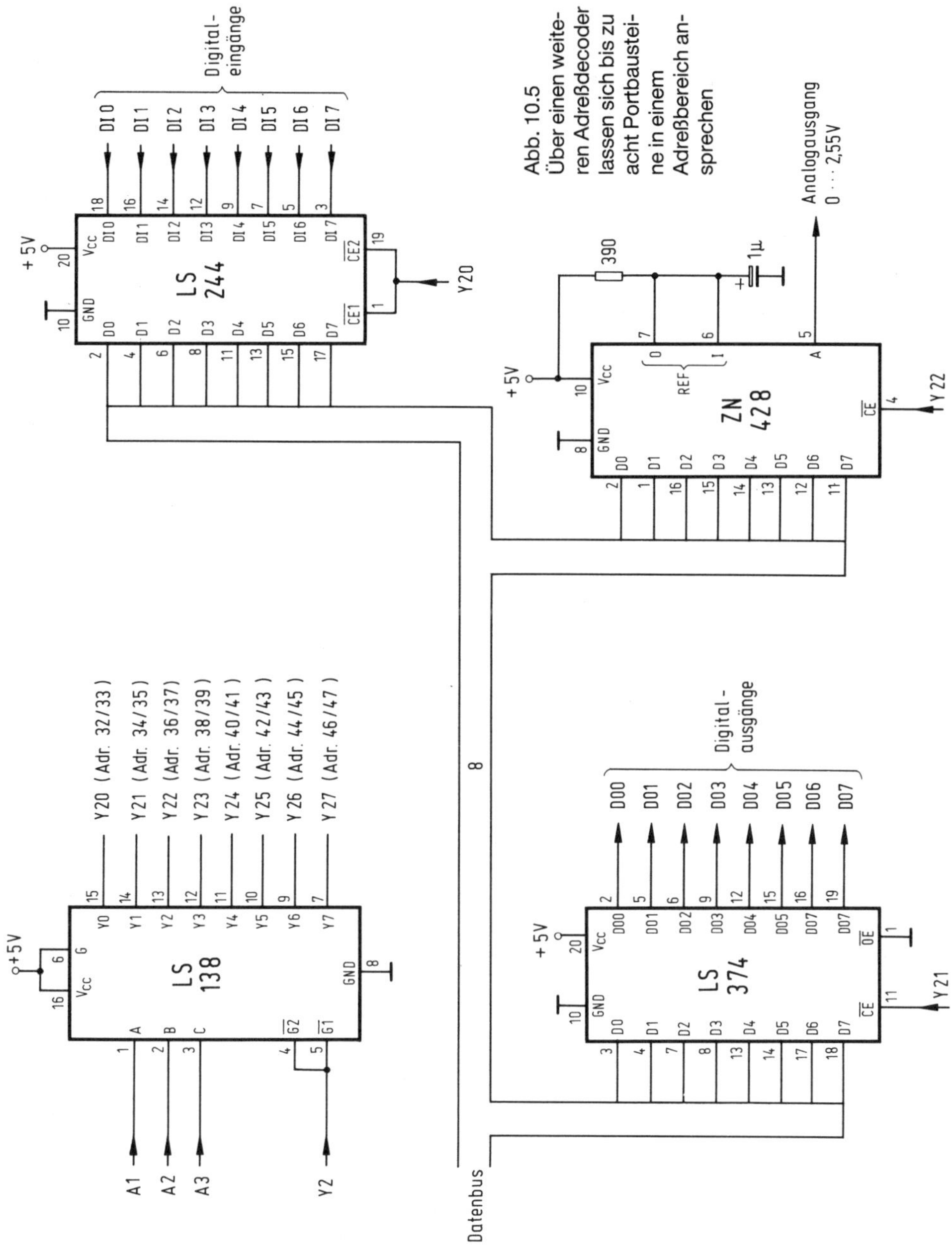

Abb. 10.5
Über einen weiteren Adreßdecoder lassen sich bis zu acht Portbausteine in einem Adreßbereich ansprechen

lohnt. Da jeder Port nur eine Adresse benötigt, empfiehlt es sich, einen der 16 Byte breiten Adreßbereiche weiter zu decodieren. *Abb. 10.5* zeigt die Verwendung eines weiteren Adreßdecoders LS138, der den dritten Bereich (Adressen 32...47) in acht weitere Unterbereiche teilt. Jeder Bereich umfaßt also zwei

Adressen. Obwohl einzelne Ports nur eine Adresse belegen, lohnt sich eine noch weitergehende Decodierung wegen des größeren Aufwandes nur, wenn eine sehr große Zahl von Peripheriebausteinen angeschlossen werden soll.

Die Freigabeleitung Y20 steuert einen einfachen 8-Bit-Eingabeport mit einem Bus-Leitungstreiber LS244. Er enthält acht einzelne nicht-invertierende Treiber mit Tristate-Ausgängen. Die Ausgänge sind normalerweise hochohmig, können aber durch einen negativen Impuls an den $\overline{CE}$-Eingängen aktiviert werden. Da die Ausgänge der Treiber am Datenbus liegen, wird für die Dauer des Freigabeimpulses das an den Eingängen liegende Datenwort auf den Datenbus gelegt.

Der Eingabeport LS244 ist unter der Adresse 32 zu erreichen. Zusammen mit dem Steuerbit „Lesen“ wird also zum Auslesen der anliegenden Zustände vom Computer die Adresse 160 gesendet:

Adresse	Sendedaten	Empfangsdaten	Kommentar
32+128		XX	Auslesen der
32+128		XX	Adresse 32

Unter der Adresse 34 (Y21) wird ein einzelner Ausgabeport mit acht Datenleitungen mit dem achtfachen Datenlatch LS374 betrieben. Die steigende Flanke eines Impulses am $\overline{CE}$-Eingang bewirkt, daß Daten vom Datenbus in internen D-Flip-Flops gespeichert werden. Die Tristate-Ausgänge des Bausteins werden über die $\overline{OE}$-Leitung aktiviert. Dieser Baustein benötigt als Steuerleitung nur die Freigabeleitung Y21. Eine Schreib/Leseumschaltung ist nicht erforderlich. Falls fälschlich versucht wird, Daten aus dieser Adresse zu lesen, wird der Wert 255 erkannt, da die angeschlossenen TTL- Eingänge dann alle Datenleitungen hochlegen. Die Ausgabe von Daten ist einfacher als beim 8255, da keine Initialisierung erforderlich ist:

Adresse	Sendedaten	Empfangsdaten	Kommentar
34	1		Ausgabe 00000001
34	16		Ausgabe 00010000

Man kann den Ausgabeport z. B. zum Anschluß eines DA- Wandlers ZN426 nutzen. Die Datenausgänge des LS374 werden dann direkt mit den Eingängen des D/A-Wandlers verbunden. Damit werden alle eingeschriebenen Daten in analoge Ausgangsspannungen umgesetzt. Dies läßt sich auch mit dem busorientierten D/A-Wandler ZN428 erreichen. Er enthält bereits die Datenlatches und wird ebenfalls über eine $\overline{CE}$-Leitung zur Datenübernahme aktiviert. Gegenüber der Lösung mit zwei getrennten Bausteinen (LS374, ZN426) ist der ZN428 zwar teurer, man erhält jedoch einen einfacheren Aufbau. Der Baustein belegt hier die Adresse 36.

Wie der ZN426 enthält auch dieser Wandler eine interne Referenz mit 2,55 V, so daß eingeschriebene Daten als Vielfache von 10 mV am Ausgang erscheinen. Meist wird es sinnvoll sein, einen Pufferverstärker nachzuschalten, da der Ausgang mit ca. 3 kΩ recht hochohmig ist. Die Programmierung ist denkbar einfach. Soll z. B. eine von 1 V ansteigende Spannung erzeugt werden, dann lautet die Ansteuerung über die Schnittstelle:

Adresse	Sendedaten	Empfangsdaten	Kommentar
36	100		1,00 V
36	101		1,01 V
36	102		1,02 V
36	103		1,03 V

usw.

10.4 Der A/D-Wandler AD670

Der AD670 [7] ist ein kompletter 8-Bit-A/D-Wandler nach dem Prinzip der sukzessiven Aproximation. Er wird mit einer einfachen Betriebsspannung versorgt und verarbeitet Eingangsspannungen bis herunter zu ±128 mV ohne zusätzlichen Vorverstärker. Eine Spannungsreferenz und ein Taktgenerator sind eingebaut, so daß der Baustein ohne weitere Hilfsmittel an den Bus gelegt werden kann. Er belegt nur eine Adresse, unter der Lese- und Schreiboperationen durchgeführt werden können. Die Datenübertragung geschieht 6502-kompatibel, es muß also die R/$\overline{W}$-Leitung zur Umschaltung der Datenrichtung verwendet werden. Der Eingang FORMAT bestimmt das gewünschte Datenformat (binär/Zweierkomplement), über den Eingang BPO kann man die Polarität der Eingangsspannung (unipolar/bipolar) wählen. Jede Schreiboperation startet eine Wandlung, deren Ergebnis nach 10 µs ausgelesen werden kann. Der STATUS-Ausgang geht für die Dauer der Wandlung hoch, um anzuzeigen, daß gültige Daten noch nicht vorliegen. *Abb. 10.6* zeigt den Anschluß des Wandlers an den parallelen Bus, wobei die Freigabeleitung Y23 ihn unter der Adresse 38 aktiviert.

Der Wandler besitzt einen internen Differenzverstärker, so daß die Eingangsspannung nicht unbedingt auf Masse bezogen werden muß. Über die äußere Beschaltung der Eingänge kann man einen Meßbereich von 255 mV oder 2,55 V wählen. Abb. 10.6 zeigt die Beschaltung für beide Empfindlichkeiten und für symmetrischen und unsymmetrischen Betrieb. Bei unsymmetrischen Eingangsspannungen wird jeweils der untere Eingang an Masse gelegt. Symmetrische Eingangsspannungen können z. B. direkt aus einer Meßbrücke kommen. Dabei darf der gemeinsame positive Offset beider Eingänge die Größenordnung des halben Eingangsbereichs annehmen.

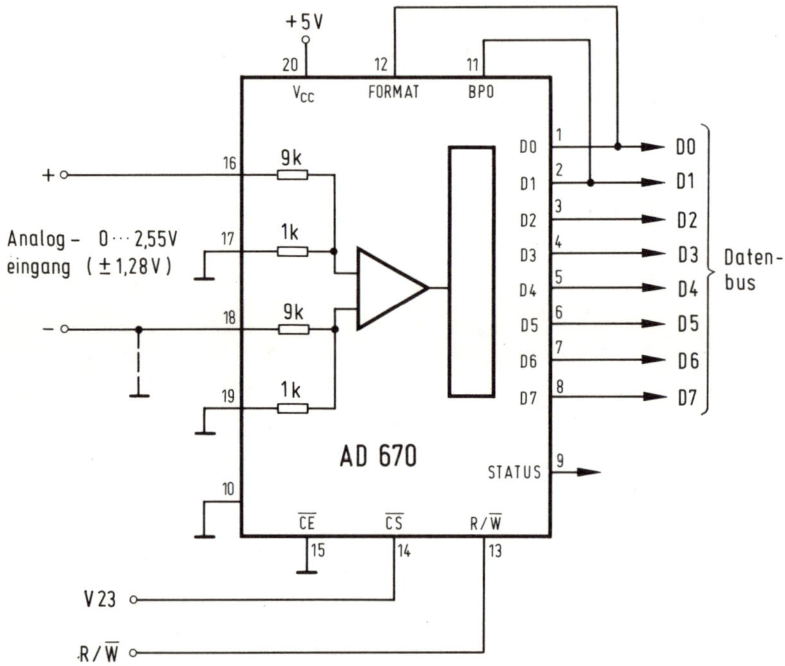

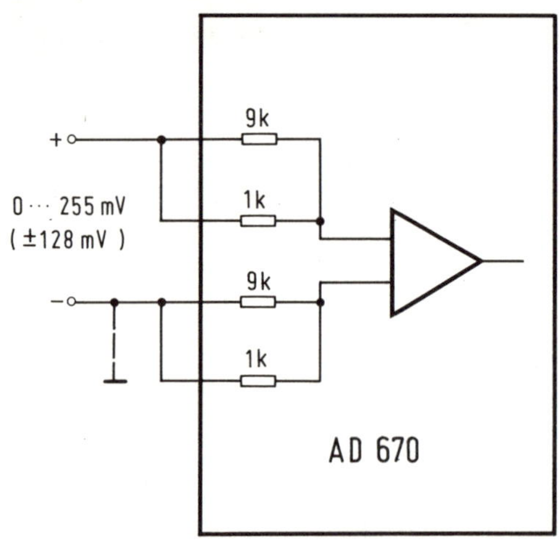

Abb. 10.6
Der A/D-Wandler AD670 arbeitet bei unterschiedlichen Empfindlichkeiten mit symmetrischen und unsymmetrischen Eingangsspannungen

Eine weitere Variation ist durch die Umschaltung zwischen bipolarem und unipolarem Betrieb über den Steuereingang BPO möglich. Beim bipolaren Betrieb wird intern eine Teilspannung der Referenzquelle zum Eingangssignal addiert, so daß sich der Nullpunkt um den halben Eingangsbereich verschiebt. Die Eingangsspannung 0 V wird also als digitaler Wert 128 ausgegeben. Legt man den FORMAT-Eingang hoch, dann erhält man das Datenformat im Zweierkomplement. Dabei wird das höchstwertige Bit invertiert, so daß man es als Vorzeichen interpretieren muß. Positive Eingangsspannungen nehmen nun den Bereich 0...127 ein, während negative Spannungen als digitale Werte 255...128 erscheinen.

Im Anschlußplan des AD670 sind die beiden Steuereingänge BPO und FORMAT mit an den Datenbus gelegt, wobei BPO von Bit D1 und FORMAT von D0 gesteuert wird. Möglich ist auch eine feste Verdrahtung an Masse und +5 V, wenn die entsprechenden Einstellungen immer gleich bleiben sollen. Mit jedem Schreibzyklus werden die Einstellungen wirksam und der Baustein beginnt eine Wandlung. Dabei geht der Ausgang STATUS hoch, bis die Wandlung abgeschlossen ist. Er braucht hier nicht ausgewertet zu werden, da der Wandler in jedem Fall schneller ist als das Interface. Der gemessene Wert kann also gleich mit der nächsten Aktion des Interfaces ausgelesen werden. Die Steuereingänge $\overline{CE}$ und $\overline{CS}$ sind intern Und-verknüpft. Sie aktivieren den Datenaustausch, wenn beide Eingänge auf Massepotential liegen. Deshalb kann hier einer der Eingänge permanent an Masse gelegt werden, während der andere von einer Freigabeleitung des Adreßdecoders bedient wird. Der Freigabeimpuls muß kürzer als die Wandelzeit sein, was hier mit ca. 6 µs noch gegeben ist. Bei längeren Impulsen kommt es zu einer Fehlfunktion, da der Wandler nach abgeschlossener Wandlung immer noch vom Bus beschrieben wird.

Der Wandler wird unter der Adresse 38 angesprochen. Der Start einer Wandlung kann mit vier unterschiedlichen Steuerworten geschehen:

0	unipolar	Ausgabe als Binärzahl
1	unipolar	Ausgabe im Zweierkomplement
2	bipolar	Ausgabe als Binärzahl
3	bipolar	Ausgabe im Zweierkomplement

Im folgenden Beispiel soll der Baustein eine Eingangsspannung von ±128 mV wandeln (bipolarer Betrieb) und ein binäres Datenformat verwenden. Dabei reicht die Werteskala wie üblich von 0 bis 255, und 0 V wird durch den Wert 128 repräsentiert. Zur Adresse 38 des Bausteins muß beim Auslesen noch 128 hinzuaddiert werden (Steuerbit „Auslesen“ des Interfaces).

Adresse	Sendedaten	Empfangsdaten	Kommentar
38	2		Start, bipolar
38+128		XX	gemessener Wert

10.5 Der Vierkanalwandler µPD7002

Dieser Wandler [5] wurde bereits in Kapitel 8 vorgestellt. Er ist für den direkten Einsatz an einem parallelen Bus konzipiert, so daß der Anschluß hier sehr einfach ist. In *Abb. 10.7* wird als Taktfrequenz das durch zwei geteilte Signal des Baudratengenerators mit 2,4576 MHz benutzt. Möglich ist aber auch die Verwendung eines eigenen Quarzes oder externen Oszillators. Falls der ZN428 auf der gleichen Platine eingesetzt wird, empfiehlt sich die Mitverwendung der dort eingebauten Spannungsreferenz, da sie eine hervorragende Stabilität aufweist.

Der µPD7002 hat drei interne Register:

Adresse 0	Steuerregister
Adresse 1	Gewandelte Daten, Highbyte
Adresse 2	Gewandelte Daten, Lowbyte

Das Steuerregister erhält beim Schreiben die aktuelle Kanalnummer und die Information, ob die Auflösung der Wandlung 8 Bit oder 12 Bit betragen soll.

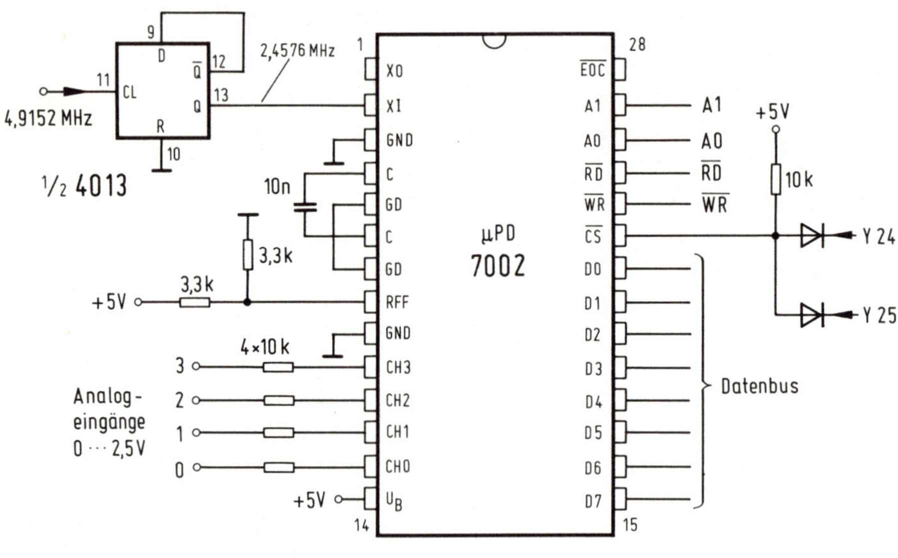

Abb. 10.7 Anschluß des 12-Bit-Wandlers µPD7002 an den Interface-Bus

Das Register kann auch ausgelesen werden. Es enthält die folgenden Status-Informationen:

Bit 0 und	00 = Kanal 0, 01 = Kanal 1
Bit 1	10 = Kanal 2, 11 = Kanal 3
Bit 2	als Flag verwendbar, sonst keine Bedeutung
Bit 3	8-Bit-Modus (0) oder 12-Bit-Modus (1)
Bit 4 und	beim Lesen: die beiden höchsten Bits
Bit 5	der gewandelten Daten
Bit 6	$\overline{\text{BUSY}}$, = 0 während der Wandlung
Bit 7	$\overline{\text{EOC}}$, wird low bei beendeter Messung, geht hoch, wenn das Highbyte ausgelesen wurde.

Der Baustein belegt drei Adressen. Er soll aber im gezeigten Anschlußbeispiel mit an den zweiten Adreßdecoder angeschlossen werden, der Bereiche von je zwei Adressen unterteilt. Deshalb werden nun die Ausgänge Y24 und Y25 mit Dioden Oder-verknüpft an den Freigabeeingang $\overline{\text{CS}}$ des Wandlers gelegt. Damit kann er unter den Adressen 40 bis 42 angesprochen werden. Anders als im Interface in Kapitel 8 können nun alle Adressen beschrieben und ausgelesen werden. Damit hat man die Möglichkeit, über den Datenbus das Ende einer Wandlung zu erkennen. Dazu kann das Statusregister wiederholt ausgelesen werden, bis Bit 6 (Wertigkeit 64) gesetzt ist. Allerdings sind die Wandlerzeiten bekannt, so daß auch eine entsprechende Warteschleife im Rechner nach dem Start durchlaufen werden kann. Bei einer Datenübertragungsrate von 1200 Baud über die serielle Schnittstelle kann jede Warteschleife entfallen, da auch im 12-Bit-Modus die Wandlung nach ca. 6 ms beendet ist, die Übertragung des Adreßbytes zum Auslesen aber 8,3 ms benötigt. Jede Wandlung wird durch das Einschreiben des gewünschten Steuerworts in die Adresse 40 gestartet. Im 12-Bit-Modus sieht ein vollständiger Wandelzyklus für Kanal 0 dann so aus:

Adresse	Sendedaten	Empfangsdaten	Kommentar
40	8		Start Kanal 0
41+128		XX	Highbyte Kanal 0
42+128		XX	Lowbyte Kanal 0

Bei einer Wandlung mit einer Auflösung von nur acht Bit entfällt das Auslesen des Lowbytes. Für Kanal 3 erfordert ein Zyklus dann die folgende Steuerung:

Adresse	Sendedaten	Empfangsdaten	Kommentar
40	3		Start Kanal 3
41+128		XX	Meßwert

11 Ein Mikrocontroller-Interface

Ein paralleler Interface-Bus nach Kapitel 10 läßt sich nicht nur mit einer digitalen Steuerschaltung wie in Abb. 10.2 realisieren, sondern auch mit einem eigenen Prozessor. Hier wurde der Mikrocontroller 8039 aus der 8048-Familie eingesetzt. Er übernimmt die Funktion des UART und der gesamten Ablaufsteuerung. Damit wurden wesentliche Elemente des Interfaces in das Programm verlegt. Trotz der Notwendigkeit, ein EPROM als Programmspeicher einzusetzen, ergibt sich insgesamt ein geringerer Hardware-Aufwand. Für den Einsatz des Mikrocontrollers spricht auch die prinzipielle Möglichkeit, ohne Änderungen der Hardware mit veränderten Programmen mehr Intelligenz in das Interface zu legen. Dies kann sinnvoll sein, um z. B. für Routineaufgaben wie Frequenzmessung oder Steuerung von Schrittmotoren die Menge der seriell übertragenen Daten zu reduzieren.

Die komplette Schaltung des Interfaces wird in *Abb. 11.1* vorgestellt. Die Leitungen DB0 bis DB7 bilden den gemeinsamen Datenbus für den Befehlsspeicher und den äußeren Datenbus. Die acht unteren Adreßleitungen werden mit dem Datenlatch LS374 gebildet, das die Adressen vom Datenbus übernimmt. Sieben dieser Leitungen werden für den Interface-Bus genutzt. Der Prozessor stellt bereits die Steuerleitungen $\overline{RD}$ und $\overline{WR}$ zur Verfügung. Sie werden hier auch zur Steuerung des Adreßdecoders LS138 verwendet, damit Freigabeimpulse nur beim Zugriff auf den äußeren Interface-Bus, nicht aber auf den im gleichen Adreßbereich arbeitenden Programmspeicher erzeugt werden. Die Steuerleitung $R/\overline{W}$ zur Ansteuerung 6502-kompatibler Peripheriebausteine wird programmgesteuert mit der Portleitung P25 realisiert. Auch die Datenleitungen für die seriellen Signale werden mit Portleitungen gebildet.

Das Mikrocontroller-Interface ist voll kompatibel zum Interface aus Kapitel 10 und läßt sich mit allen dort vorgestellten Peripheriebausteinen verwenden. Trotzdem gibt es kleine Unterschiede im Zeitverhalten: Die Freigabeimpulse Y0 bis Y7 entstehen gleichzeitig mit dem $\overline{WR}$- oder $\overline{RD}$-Impuls und überlappen ihn nicht. Dieses von den Steuersignalen nach Abb. 10.1 abweichende Verhalten ist erforderlich, um auch Einzelportbausteine wie den ZN428 oder den LS374 direkt über die Freigabeleitungen aktivieren zu können. Der Prozessor legt abweichend vom Interface nach Abb. 10.2 die Daten erst im Verlauf seines

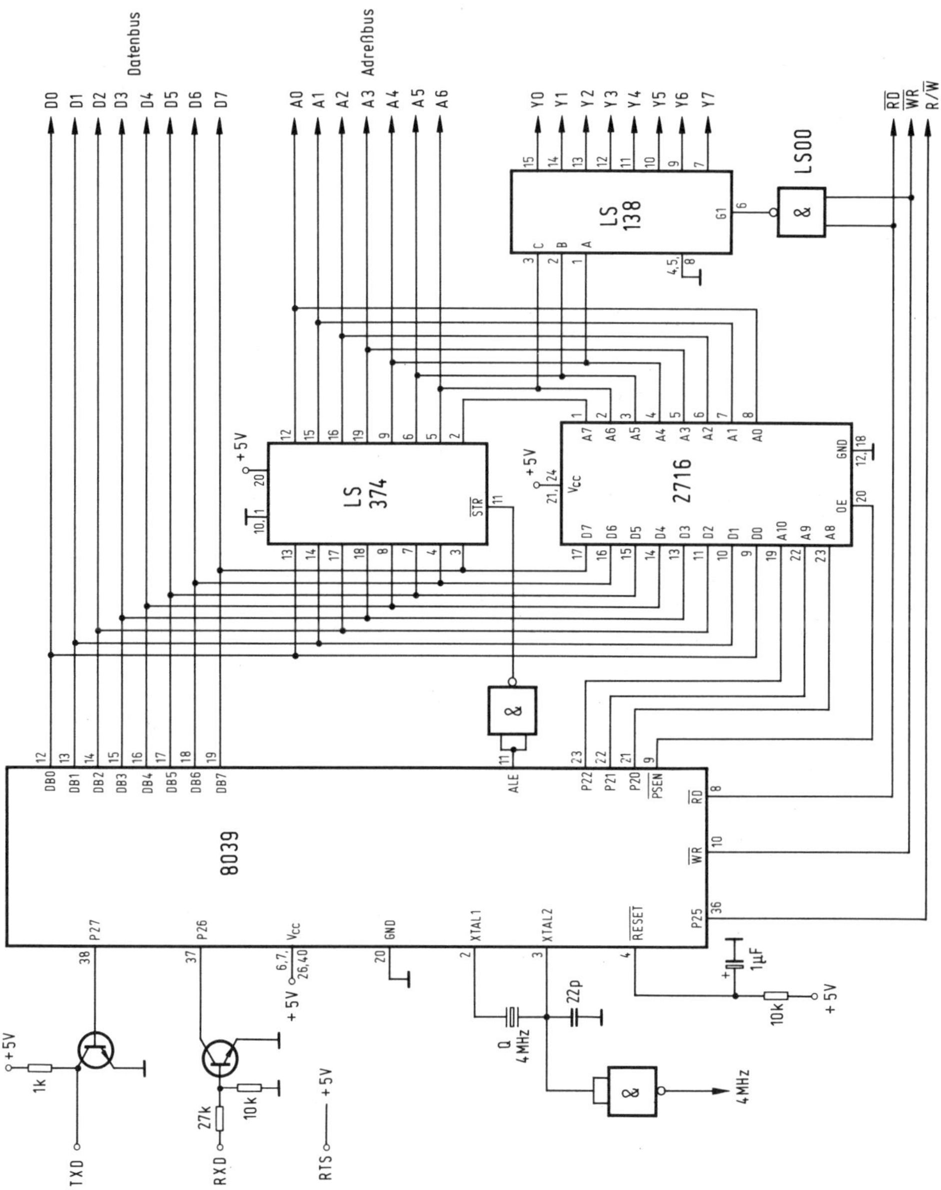

Abb. 11.1 Der parallele Interface-Bus nach Abb. 10.2 läßt sich mit dem Mikrocontroller 8039 vereinfachen

$\overline{WR}$-Impulses auf den Datenbus, so daß sie erst mit der ansteigenden, also hinteren Flanke von $\overline{WR}$ oder einem Y-Signal übernommen werden sollen. Dieses Verhalten zeigen alle im Kapitel 10 besprochenen Bausteine.

Der 8039 darf mit Quarzfrequenzen bis 11 MHz betrieben werden. Um den sicheren Betrieb mit möglichst vielen Busbausteinen zu gewährleisten, wurde die geringere Frequenz von nur 4 MHz verwendet. Der Taktgenerator kann damit auch für weitere Aufgaben wie z. B. die Ansteuerung von Zählern mitverwendet werden. Es wurden bis zu 10 Bausteine gleichzeitig am Interface-Bus betrieben, ohne daß es zu Problemen kam. Der Einsatz zusätzlicher Bustreiber ist also nicht erforderlich. Der Befehlszyklus des 8039 beträgt 1/15 der Quarzfrequenz, also nur 266,7 kHz. Trotzdem können Übertragungsraten bis zu 19200 Baud sicher verarbeitet werden. Mit einem Quarz von 8 MHz könnte man 38400 Baud erreichen.

Listing 19 zeigt das Assembler-Programm für den Interface-Bus. Es hat zwei Unterprogramme für den seriellen Sender und den seriellen Empfänger. Sie enthalten Warteschleifen mit dem Sprunglabel Sch 1 bis Sch 5 zur Einstellung der Baudrate. Bei 19200 Baud benötigt ein Bit die Zeit von 14 Taktzyklen des Prozessors. Der Zeitrahmen wird exakt eingehalten und muß für 1200 Baud auf 224 Taktzyklen erhöht werden. Vor jeder Warteschleife wird das Register R6 mit der Anzahl der Warteschleifen geladen. Dieser Wert muß der Baudrate angepaßt sein. Man kann das kurze Programm mit unterschiedlichen Baudraten in verschiedene Adreßbereiche des EPROMs schreiben und durch Umschalten der höherwertigen Adreßleitungen auswählen. So läßt sich eine komfortable Umschaltung der Baudrate erreichen. Die folgende Tabelle zeigt die jeweiligen Schleifenwerte. Die hexadezimalen Werte in Klammern erleichtern den Umgang mit dem reinen Hex-Listing.

	1200	2400	4800	9600	19200 Baud
Sch 1	108 (6C)	52 (34)	24 (18)	10 (0A)	3 (03)
Sch 2	106 (6A)	50 (32)	22 (16)	8 (08)	1 (01)
Sch 3	108 (6C)	52 (34)	24 (18)	10 (0A)	3 (03)
Sch 4	150 (96)	72 (48)	33 (21)	12 (0C)	3 (03)
Sch 5	106 (6A)	50 (32)	22 (16)	8 (08)	1 (01)

Das Hauptprogramm steuert den seriellen Empfänger und den Sender nach dem Protokoll des seriellen Interface-Busses. Dabei wird das erste empfangene Byte daraufhin untersucht, ob das höchste Bit gesetzt ist. Ist das der Fall, wird der Bus ausgelesen und das Antwortbyte zurückgesendet. Im anderen Fall wird ein weiteres Byte empfangen, das dann in die vorher übertragene Adresse geschrieben wird. Abhängig davon, ob gelesen oder geschrieben wird, setzt das Programm die Portleitung P25 als R/$\overline{W}$-Leitung.

```
Anfang     call   Empfangen    ;Adresse empfangen
           mov    r0,a         ;Adresse in r0 laden
           rlc    a            ;höchstes Bit testen
           jc     Lesen
           call   Empfangen    ;Datenbyte empfangen
           anl    p2,#DFh      ;P25 = 0
           movx   @r0,a        ;Ausgabe auf den Bus
           jmp    Anfang
Lesen      mov    a,r0
           anl    a,#7Fh       ;höchstes Bit zurücksetzen
           mov    r0,a
           orl    p2,#20h
           movx   a,@r0        ;vom Bus lesen
           call   Senden       ;Datenbyte senden
           jmp    Anfang
Senden     mov    r5,#8        ;RS232-Ausgabe
           anl    p2,#7Fh      ;P27 = 0. Startbit
           mov    r6,#108
Sch1       djnz   r6,Sch1      ;Warteschleife Startbit
Sp1        clr    c            ;Zeitausgleich 1 Zyklus
           rrc    a            ;Datenbit in C schieben
           jc     Sp2          ;wenn C = 0,
           anl    p2,#7Fh      ;dann P27 = 0
           jmp    Sp3
Sp2        orl    p2,#80h      ;sonst P27 = 1
           orl    p2,#80h      ;Zeitausgleich 2 Zyklen
Sp3        mov    r6,#106
Sch2       djnz   r6,Sch2      ;Warteschleife Datenbit
           djnz   r5,Sp1       ;8 mal wiederholen
           mov    a,#0         ;Zeitausgleich 4 Zyklen
           mov    a,#0
           orl    p2,#80h      ;P27 = 1, Stopbit
           mov    r6,#108
Sch3       djnz   r6,Sch3      ;Warteschleife Stopbit
           ret
Empfangen  in     a,P2         ;RS232-Empfänger
           anl    a,#40h       ;P26 testen
           jnz    Empfangen    ;Schleife bis P26 = 0
           mov    r6,#150
Sch4       djnz   r6,Sch4      ;Warteschleife Startbit
           mov    r5,#8
Sp4        in     a,p2
           clr    c            ;Zeitausgleich 1 Zyklus
           rlc    a            ;Bit von P26 in C schieben
           rlc    a
           xch    a,r7         ;Datenbyte in a laden
           rrc    a            ;C in a schieben
           xch    a,r7         ;Datenbyte zurückschreiben
           mov    r6,#106
Sch5       djnz   r6,Sch5      ;Warteschleife Datenbit
           djnz   r5,Sp4       ;8 mal wiederholen
           mov    a,r7         ;Datenbyte in a laden
           ret
```

Listing 19 Assemblerlisting des 8039. Die Unterprogramme „Senden“ und „Empfangen“ realisieren die RS232-Schnittstelle mit 1200 Baud

Listing 20 zeigt das Hex-Listing des Steuerprogramms. Wer über keinen 8048-Assembler verfügt, kann das Programm direkt in ein EPROM schreiben.

	00	01	02	03	04	05	06	07	08	09	0A	0B	0C	0D	0E	0F
00	14	3D	A8	F7	F6	0D	14	3D	9A	DF	90	04	00	F8	53	7F
10	A8	8A	20	80	14	18	04	00	BD	08	9A	7F	BE	6C	EE	1E
20	97	67	F6	28	9A	7F	04	2C	8A	80	8A	80	BE	6A	EE	2E
30	ED	20	23	00	23	00	8A	80	BE	6C	EE	3A	83	0A	53	40
40	96	3D	BE	96	EE	44	BD	08	0A	97	F7	F7	2F	67	2F	BE
50	6A	EE	51	ED	48	FF	83									

Listing 20 Hexlisting des Steuerprogramms. Die unterstrichenen Bytes können für andere Baudraten angepaßt werden

12 Anwendungen des Zählerbausteins 8253

Der 8253 läßt sich am parallelen Interface-Bus nach Kap. 10 sehr vielseitig einsetzen. Außer Rechtecksignalen lassen sich Impulse mit nahezu beliebiger Länge und Wiederholfrequenz erzeugen. Über die Einstellung des Tastverhältnisses kann man Analogsignale mit einer Auflösung von 16 Bit erzeugen, wenn das Ausgangssignal durch ein Tiefpaßfilter geschickt wird. Neben den Ausgabemöglichkeiten gibt es verschiedene Meßanwendungen. Zwei Anwendungen sollen hier näher beschrieben werden:

12.1 Frequenzmessung

Die drei unabhängigen 16-Bit-Zähler des 8253 eignen sich zum Bau eines Frequenzzählers. Es gibt Versionen dieses Bausteins, die bis 5 MHz arbeiten, so daß ein brauchbarer Zähler entsteht, der für unterschiedliche Aufgaben eingesetzt werden kann. Insbesondere dort, wo Messungen automatisiert werden sollen, ist die Verbindung mit dem Computer von Vorteil. Beispiele sind Messungen von Frequenzgängen, Temperaturkoeffizienten von Oszillatoren usw.

Abb. 12.1 zeigt den Schaltplan des Zählers. Der Anschluß an den parallelen Bus und damit die Adressierung des Timers entspricht dem Anschluß in Abb. 10.4. Der erste Timer wird zum Aufbau der Zeitbasis eingesetzt, wobei er aus einer genauen Quarzfrequenz auf ein Software-Kommando hin einen Sekundenimpuls liefern soll. Eine Schwierigkeit ist dabei, daß alle Betriebsarten, die einen softwaregesteuerten Start des Zählers zulassen, bei einem Einzelimpuls zu Ungenauigkeiten führen, weil die Impulslänge auch von Ablaufzeiten im Programm und bei der Datenübertragung abhängt. In der Betriebsart 0 z. B. beginnt der Ausgangsimpuls bereits mit der Übertragung des Lowbytes des Startwertes, so daß die Impulszeit um einen kleinen, aber ungewissen Betrag verlängert wird. Möglich wäre auch die Betriebsart 3 (Rechteckgenerator), da hier eine Ungenauigkeit nur beim ersten Impuls auftritt. Allerdings ist diese Betriebsart freilaufend und man hätte das Problem, den eigentlichen Zähler immer genau in der Pause zwischen zwei Torzeiten auszulesen. Das würde zu einer recht schwierigen Abfrage des Torzeit-Zählers führen und zudem bei kurzen Torzeiten zeitkritisch werden. Die Wahl fiel deshalb auf die Betriebsart

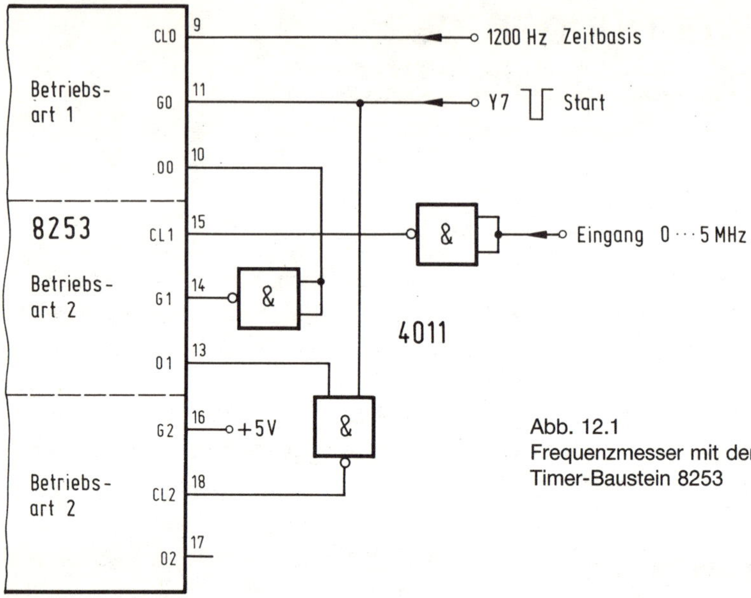

Abb. 12.1
Frequenzmesser mit dem Timer-Baustein 8253

1 mit einem hardwaregesteuerten Start des Zählers. Als Startsignal dient der Adressierimpuls Y7 des Adreßdecoders. Die Messung wird also durch eine einmalige Schreiboperation unter der entsprechenden Adresse eingeleitet.

Die Torzeit wird hier vom ohnehin vorhandenen Baudratengenerator des Interfaces nach Abb. 10.2 abgeleitet. Der Binärteiler HC4060 liefert an seinem Ausgang Q12 die Frequenz 1200 Hz. Sie ist sehr genau, wenn man den Quarzoszillator mit einem Trimmer abgleicht. Dem Timer wird der Teilerfaktor 1200 einprogrammiert, um die übliche Torzeit von 1 s zu bekommen. Es sind aber auch andere Torzeiten von 10 ms bis 10 s möglich. Der Ausgang des ersten Timers liefert einen negativen Torzeit-Impuls. Er muß invertiert werden, um das Gate-Signal des zweiten Zählerblocks zu liefern. Damit wird der Zähler 1 freigegeben und zählt die Eingangsimpulse in der Betriebsart 2. Er zählt dabei abwärts über Null hinaus. Bei jedem Nulldurchgang liefert der Ausgang einen negativen Einzelimpuls, der an den letzten Zählerblock weitergeleitet wird. Durch die Kaskadierung beider Zählerblöcke erhält man insgesamt einen 32-Bit-Zähler.

Auch der letzte Zähler zur Erfassung der höherwertigen Zähldaten arbeitet in der Betriebsart 2. Bei der Initialisierung wird er zurückgesetzt, wobei der softwaremäßig eingeschriebene Startwert erst mit dem ersten Taktimpuls bei hochgesetztem Gate-Eingang in den eigentlichen Zähler übertragen wird. Man kann jedoch nicht grundsätzlich davon ausgehen, daß der erste Zählblock eine genügend große Eingangsfrequenz erhält, um überhaupt einen Überlauf zu erzeugen. Für den Zähler 2 ist daher eine Ladehilfe vorgesehen, damit er seinen ersten Clock-Impuls in jedem Fall mit dem Startsignal erhält. Das Clock-Signal ist mit dem Überlaufsignal von Zähler 1 und-verknüpft, so daß alle Überlaufimpulse ebenfalls an den Eingang gelangen. Der GATE-Eingang ist bei diesem Zählerblock immer hochgesetzt, damit der Ladeimpuls wirksam werden kann.

Das Programm zum Frequenzmesser muß die Betriebsarten für alle drei Zähler einstellen, die Torzeit für Zähler 0 programmieren und die Zähler 1 und 2 mit ihren Anfangswerten laden. Nach einer Warteschleife, die der Torzeit entspricht, müssen die Zähler in insgesamt vier Schritten ausgelesen werden. Bei der Auswertung ist zu beachten, daß der gesuchte Wert sich jeweils durch Subtraktion des ausgelesenen Zählerstandes vom maximalen Zählerwert 65536 (entspricht 0) ergibt.

Adresse	Sendedaten	Empfangsdaten	Kommentar
19	50		Betriebsart Zähler 0
16	176		Teiler Lowbyte
16	4		Teiler Highbyte

Für jeden Zählzyklus wiederholen:

19	116		Betriebsart Zähler 1
19	180		Betriebsart Zähler 2
17	0		Zähler 1
17	0		zurücksetzen
18	255		Zähler 2
18	255		zurücksetzen
112	0		Start

Warten, bis die Torzeit abgelaufen ist.

17+128		XX	Zähler 1
17+128		XX	auslesen
18+128		XX	Zähler 2
18+128		XX	auslesen

Listing 21 zeigt ein entsprechendes Beispielprogramm zur Frequenzmessung. Es kann als Grundbaustein für weitere Meßmethoden verwendet werden, die schon in Kapitel 6 vorgestellt wurden. Bei einer Grenzfrequenz von 5 MHz lassen sich z. B. Kapazitätsmessungen im Hf-Bereich ausführen, wobei man mit LC-Oszillatoren noch wesentlich bessere Genauigkeiten erreicht als mit RC-Oszillatoren.

```
10 REM Frequenzmessung
20 OPEN "COM1:1200,N,8,1" AS #1
30 PRINT#1, CHR$(19); CHR$(50); CHR$(16); CHR$(176);
            CHR$(16); CHR$(4);
40 PRINT#1, CHR$(19); CHR$(116); CHR$(19); CHR$(180);
50 PRINT#1, CHR$(17); CHR$(0); CHR$(17); CHR$(0);
60 PRINT#1, CHR$(18); CHR$(255); CHR$(18); CHR$(255);
70 PRINT#1, CHR$(112); CHR$(0);    :  REM  Start
80 FOR N= 1 TO 2500 : NEXT N
90 F=2
100 PRINT#1, CHR$(145);
110 F=F+(255-ASC(INPUT$(1,#1)))
120 PRINT#1, CHR$(145);
130 F=F+(255-ASC(INPUT$(1,#1)))*256
140 PRINT#1, CHR$(146);
150 F=F+(255-ASC(INPUT$(1,#1)))*65536!
160 PRINT#1, CHR$(146);
170 F=F+(255-ASC(INPUT$(1,#1)))*16777216#
180 PRINT F/1000; " kHz"
190 GOTO 40
```

Listing 21 Programm zur Frequenzmessung

12.2 Ansteuerung einer Phasen-Regelschaltung

Werden sehr frequenzstabile Signale geringer Frequenz benötigt, dann genügt es in vielen Fällen, das Signal eines Quarzoszillators herunterzuteilen. Allerdings kann die Ausgangsfrequenz dabei nur ganze Bruchteile der Quarzfrequenz annehmen. Geht man von 1 MHz aus, dann sind z. B. 500 kHz, 333,3 kHz, 250 kHz, 200 kHz usw. möglich, es gibt aber keine Zwischenwerte. Bei sehr großen Teilerfaktoren ergeben sich zwar immer kleinere Abstände, es entstehen jedoch meist sehr „krumme" Werte. Oft werden dagegen gleiche Frequenzschritte gefordert, also z. B. 490 kHz, 491 kHz, 492 kHz usw. Um solche Frequenzen quarzstabil erzeugen zu können, werden Phasen-Regelkreise (Phase Locked Loop, PLL) eingesetzt.

Eine PLL-Schaltung benötigt eine Referenzfrequenz, die gleich dem Schrittabstand der Ausgangsfrequenz ist. Man verwendet z. B. eine Referenz von 1,000 kHz, die von einem Quarzoszillator durch Frequenzteilung abgeleitet wird. Die eigentliche Ausgangsfrequenz wird von einem spannungsgesteuerten Oszillator (Voltage Controlled Oszillator, VCO) erzeugt. Bei einem VCO hängt die Ausgangsfrequenz von der Eingangsspannung ab und ist in weiten Grenzen einstellbar. Die Ausgangsfrequenz wird in einem weiteren Teiler heruntergeteilt und dann in einer Phasen-Vergleichsstufe mit der Referenzfrequenz verglichen. Über den Phasenvergleich muß die Eingangsspannung des VCOs so gesteuert werden, daß beide Phasen gleich sind oder sich ein konstanter Phasenunterschied einstellt. Damit sind auch beide Frequenzen gleich. Die Ausgangsfrequenz ist das Produkt aus Teilerfaktor und Referenzfrequenz. Im Endeffekt multipliziert man also Frequenzen. Mit einem einstellbaren Frequenzteiler mit einer Breite von 16 Bit, wie er im Timerbaustein 8253 zur Verfügung steht, könnte man theoretisch alle Frequenzen von 2 Hz bis über 65 kHz in 1-Hz-Schritten erzeugen. Voraussetzung wäre allerdings ein VCO, der in einem so weiten Bereich befriedigend arbeitet.

Abb. 12.2 zeigt eine Generatorschaltung mit der CMOS-PLL-Schaltung 4046. Sie enthält einen VCO mit einem Variationsbereich bis über 1:1000. Außerdem werden zwei Phasen-Komparatoren zur Verfügung gestellt. Komparator 1 ist ein einfaches EXOR-Gatter. Es eignet sich für Anwendungen mit geringer Frequenzvariation von z. B. ±10 %, wobei bei ausreichend hoher Referenzfrequenz besonders saubere und rauscharme Ausgangssignale entstehen. Der zweite Komparator besteht aus einer flankengetriggerten Flipflop-Schaltung, die einen besonders großen „Fangbereich" hat. Solange die Istfrequenz des

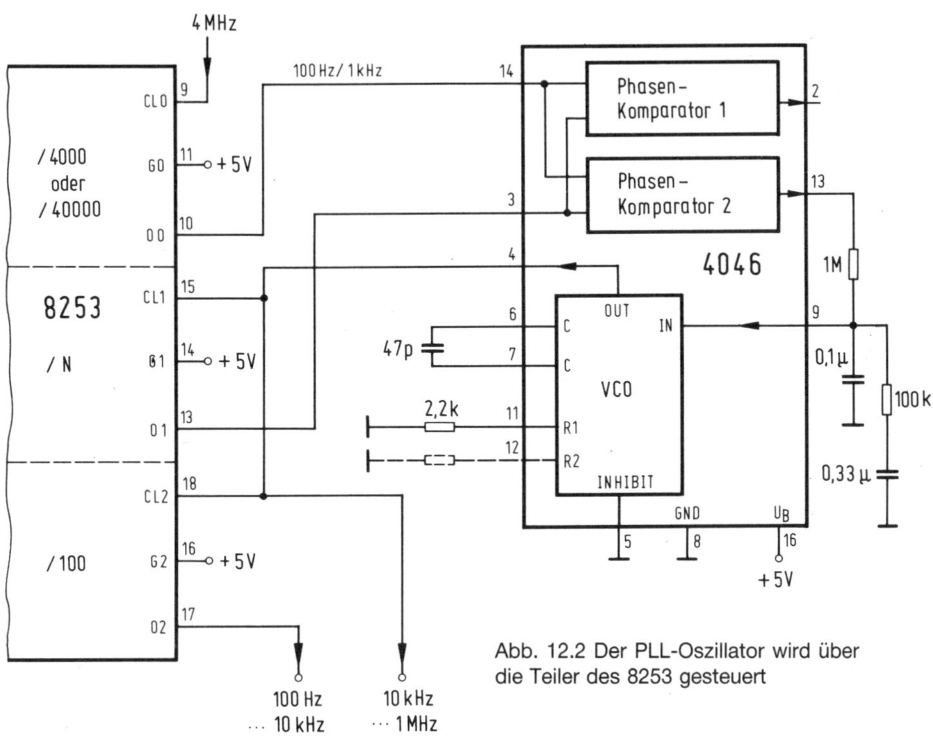

Abb. 12.2 Der PLL-Oszillator wird über die Teiler des 8253 gesteuert

VCOs noch sehr weit von der Sollfrequenz entfernt liegt, ist nämlich noch kein Phasenvergleich im eigentlichen Sinn möglich. Dann werden zunächst die beiden Frequenzen verglichen. Erst im eingerasteten Zustand arbeitet die Schaltung als Phasenvergleicher. So ergibt sich ein praktisch unbegrenzter Fangbereich. Der zweite Phasenkomparator ist daher ideal für Anwendungen mit der höchsten erreichbaren Frequenzvariation.

Der Ausgang des Phasenkomparators 2 ist im eingerasteten Zustand hochohmig. Nur für die Zeit zwischen gleichen Flanken der beiden Eingangssignale wird er entweder an Masse oder an die positive Betriebsspannung gelegt, abhängig davon, welches Signal dem anderen in der Phase voreilt. Im eingerasteten Zustand wird also der Ausgang hochohmig, und die Spannung am Ladekondensator des VCO-Eingangs ändert sich nicht. Treten Abweichungen von der richtigen Phasenlage auf, dann sorgen entsprechende Ausgangsimpulse des Komparators für ein Nachregeln der VCO-Spannung. Das gilt auch dann, wenn durch eine Änderung des Teilerverhältnisses auf eine andere Ausgangsfrequenz eingestellt wird.

Die maximale Geschwindigkeit der Nachregelung hängt von der Zeitkonstante des Schleifenfilters (1 MΩ, 0,1 µF) ab. Hier sind allerdings keine beliebig kleinen Werte möglich, da eine Zeitkonstante im Bereich der Periodendauer der Regelimpulse zu einer Überregelung führen muß. In diesem Fall entstehen ungedämpfte Regelschwingungen. Hat man die passende Zeitkonstante gewählt, dann entstehen gedämpfte Regelschwingungen, die in einer stabilen Frequenz enden. Ein zweites RC-Glied, in diesem Falle 100 kΩ und 0,33 µF, sorgt für einen Integralanteil im Regelverhalten und führt zu einem schnellen Einschwingen auf die Sollfrequenz. Die Berechnung eines solchen Schleifenfilters ist sehr kompliziert. Die Wahl der optimalen Werte hängt u. a. vom f/U-Verhältnis des VCOs ab, das nicht über den gesamten Bereich konstant sein muß. Deshalb ist das Ausprobieren verschiedener Werte der geeignete Weg. Die hier gefundenen Werte lassen ein Abstimmen des VCO über den gesamten Bereich in weniger als einer Sekunde zu, wobei es zu einem kaum merklichen Überschwingen kommt. Bei kleinen Frequenzänderungen scheint die Frequenz trägheitslos zu folgen, so daß man quasi-kontinuierliche Änderungen vornehmen kann.

Der VCO hat einen zeitbestimmenden Kondensator C (47 pF) und einen zeitbestimmenden Widerstand R1 (2,2 kΩ). Mit den gewählten Werten ist eine Frequenz bis über 1 MHz sicher erreichbar. Mit einem weiteren Widerstand R2 kann man den Frequenzbereich nach unten eingrenzen, wovon hier allerdings kein Gebrauch gemacht wird. In der gezeigten Dimensionierung lassen sich noch Frequenzen bis herunter zu 1 kHz erzeugen. Sehr stabile Signale erfordern allerdings einen ausreichenden Abstand der Sollfrequenz von der Referenzfrequenz, so daß man besser nur bis 10 kHz geht und tiefere Frequenzen über einen weiteren Teiler erzeugt.

Der Timer-Baustein 8253 ermöglicht die vollständige Steuerung der PLL-Schaltung. Alle drei Zählerblöcke arbeiten in der Betriebsart 3 (Teiler mit Rechteck-Ausgang). Zähler 0 wird als Vorteiler zur Erzeugung der Referenzfrequenz verwendet. Mit Teilerfaktoren von 4000 und 40000 kann man bei einer Quarzfrequenz von 4 MHz mit Schrittweiten von 1 kHz oder 100 Hz arbeiten. Die höhere Referenzfrequenz führt dabei zu einer etwas schnelleren Nachregelung. Zähler 1 wird mit dem gewünschten Multiplikator geladen und teilt damit das Ausgangssignal auf die Referenzfrequenz herunter. Es können im laufenden Betrieb neue Teilerfaktoren programmiert werden, ohne daß es zum Aussetzen der Regelung kommt. Damit lassen sich z.B. quasi-kontinuierliche Frequenzverläufe steuern. Der dritte Zählerblock wird hier verwendet, um das Ausgangssignal noch einmal durch 100 zu teilen. Insgesamt werden damit vier ganze Dekaden überstrichen.

Das Pascal-Programm in *Listing 22* zeigt die Ansteuerung des PLL-Generators. Es wird hier davon ausgegangen, daß der 8253 von der Freigabeleitung Y3 aktiviert wird. Die Bus-Adressen liegen damit im Bereich 48 bis 51. Die Prozedur „PLL–Init“ stellt alle drei Teilerblöcke auf die Betriebsart 3 ein und lädt die erforderlichen Teilerverhältnisse. Bei einer Referenzfrequenz von 100 Hz wird die PLL für eine Ausgangsfrequenz von 20,0 kHz initialisiert. Zusätzlich wird der Nachteiler auf den Faktor 100 eingestellt. Der Prozedur „Einstellen“ wird die gewünschte Frequenz in kHz übergeben. Sie erlaubt die Veränderung der Frequenz im laufenden Betrieb.

```
program PLL;
uses Crt, RS232;

var Frequenz     : Real;
    Teiler, N    : Integer;

procedure PLL_Init;
  begin
    BusOut (51,54);           { alle drei Timer Betriebsart 3 }
    BusOut (51,118);
    BusOut (51,182);
    BusOut (48,32);           { Teiler 1, 40000   (100 Hz)}
    BusOut (48,156);
    BusOut (49,200);          { Teiler 2, 200 }
    BusOut (49,0);
    BusOut (50,100);          { Teiler 3, 100 }
    BusOut (50,0);
  end;
```

```
procedure Einstellen (Frequenz: Real);
  var High, Low  : Byte;
    Teiler : Integer;
  begin
    Teiler := trunc (10 * Frequenz);
    High :=  Hi (Teiler);
    Low :=  Lo (Teiler);
    BusOut (49, Low);
    BusOut (49, High);
  end;

begin
  PLL_Init;
  repeat
    Write ('Frequenz in kHz? ');
    Read (Frequenz);
    Einstellen (Frequenz);
  until Frequenz = 0;
end.

{ Alternative Hauptprogramme: }
begin
  PLL_Init;
    Einstellen (10);
    delay (2000);
    for N := 10 to 1000 do begin
      Frequenz := N;
      Einstellen (Frequenz);
    end;
end.

begin
  PLL_Init;
  Einstellen (80);
  N := 0;
  repeat
    Frequenz := 80 + 70 * sin (n/300);
    Einstellen (Frequenz);
    N := N+1;
  until KeyPressed;
end.
```

Listing 22 Pascal-Programm zur Steuerung des PLL-Oszillators

Das Hauptprogramm verlangt die Eingabe der gewünschten Frequenz. Sie kann wiederholt verändert werden, bis der Benutzer das Programm mit der Eingabe Null abbricht. Listing 22 zeigt zwei Möglichkeiten für die automatische Frequenzsteuerung. Im ersten Fall wird eine linear ansteigende Frequenz von 10 kHz bis 1 MHz bzw 100 Hz bis 10 kHz am Ausgang des Nachteilers erzeugt. Das zweite Hauptprogramm erzeugt ein sinusförmig gewobbeltes Signal im Bereich 10 kHz bis 150 kHz.

13 Abtastung periodischer Signale

Preiswerte und hochauflösende A/D-Wandler haben eine relativ große Umsetzzeit. Bei der Meßdatenübertragung über die serielle Schnittstelle kommt noch die nicht zu vernachlässigende Übertragungszeit hinzu, so daß die Meßrate meist weit unter 1 kHz liegen wird. Man kann also praktisch nur statische oder langsam veränderliche Meßwerte erfassen. Für höhere Meßraten bieten sich zwei Verfahren an: Die Meßwerte lassen sich nach der Wandlung zunächst in einem schnellen Speicher sammeln und dann mit der Geschwindigkeit der seriellen Schnittstelle übertragen. Dabei kommt die Meßrate bis an die Umsetzrate des verwendeten Wandlers heran. Das andere Verfahren kann nur bei streng periodischen Vorgängen angewandt werden: Es werden analoge Werte in einem Kondensator zwischengespeichert und dann langsam gewandelt und übertragen. Ein Abtast-Halteglied nimmt in einem sehr kurzen Moment eine Probe des Meßsignals und hält die Meßspannung während der Umsetzzeit fest. Der Abtastzeitpunkt wird relativ zur Periode des Meßsignals verschoben, so daß man nach und nach den ganzen Signalverlauf erfaßt. Die effektive Abtastrate hängt nur von der Kürze des Abtastfensters ab und kann schon bei einfachsten Schaltungen im MHz-Bereich liegen.

Abb. 13.1 verdeutlicht das Abtastverfahren. Der Kondensator wird frühestens nach jeder vollen Periode des Meßsignals erneut geladen. Dabei muß er die Meßspannung in einer sehr kurzen Zeit aufnehmen und in einer relativ langen Zeit ohne Entladung halten. Dazu muß der Innenwiderstand der Signalquelle und der On-Widerstand des Schaltgliedes sehr klein sein, während der Off-Widerstand des Schalters und der Eingangswiderstand des nachfolgenden Wandlers sehr groß sein müssen. Meist verwendet man deshalb nachgeschaltete Verstärker mit FET-Eingangsstufen. Der extrem hohe Eingangswiderstand des µPD7002 erlaubt jedoch den direkten Anschluß ohne Pufferverstärker. Bei einem Haltekondensator von 3300 pF darf die Abtastperiode bis auf ca. 10 ms ausgedehnt werden, wenn noch eine Genauigkeit von 12 Bit erreicht werden soll. Kritisch ist auch die Länge des Abtastimpulses. Sie muß ausreichen, um den Haltekondensator auch bei Sprüngen im Signalverlauf ganz auf die momentane Signalspannung zu laden. Dazu muß die Impulslänge in der Größenordnung von 10 µs liegen. Bei höheren Abtastraten fallen immer mehrere Abtastvorgänge auf einen Meßvorgang, bevor ein neuer Abtastzeitpunkt eingestellt

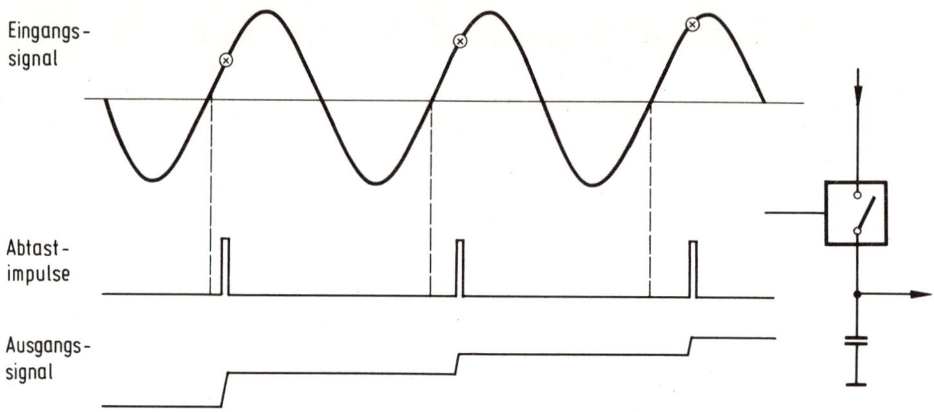

Abb. 13.1 Prinzip des Abtastverfahrens. Ein Speicherkondensator übernimmt Proben des Eingangssignals

wird. Deshalb sind auch wesentlich kürzere Abtastimpulse erlaubt, wenn eine gewisse Ladezeit vor dem Start des A/D-Wandlers gesichert ist. Praktisch ist für die Genauigkeit des Abtast-Haltegliedes das Verhältnis von Abtastzeit und Haltezeit entscheidend. Bei einer angestrebten Auflösung von 12 Bit darf es nicht größer als etwa 1000 sein. Das bedeutet gleichzeitig, daß eine Periode des Meßsignals in etwa 1000 Einzelwerte aufgelöst werden kann.

Abb. 13.2 zeigt die vollständige Schaltung des Abtastgeräts. Die Triggerung und Steuerung der Abtastimpulse wird mit einem Timerbaustein 8253 ausgeführt. Er wird zusammen mit dem A/D-Wandler am parallelen Interface-Bus betrieben. Mit der gezeigten Dimensionierung erreicht man eine effektive Abtastrate von bis zu 2 MHz, also wesentlich mehr als ein direkt am Computerbus betriebener A/D-Wandler. Die Einstellung der Abtastrate und des erfaßten Meßzeitraums erfolgt rein softwaremäßig.

Die Zählerblöcke 0 und 1 arbeiten mit einer voreingestellten Taktfrequenz, die der Abtastrate entspricht. Dabei erzeugt der Zähler 0 Impulse mit der Länge des Meßzeitraums, die mit dem Meßsignal synchronisiert werden. Zähler 1 gibt mit einer einstellbaren Verzögerung gegenüber dem synchronisierten Impuls von Zähler 0 negative Einzelimpulse einer Taktlänge ab, die nach einer Invertierung die Abtastimpulse für den Analogschalter 4016 bilden. Zähler 2 erzeugt aus dem quarzstabilen Eingangssignal von 4 MHz ein heruntergeteiltes Taktsignal zur Steuerung der Zähler 0 und 1. Damit bestimmt Zähler 2 die effektive Abtastrate, Zähler 0 die Länge des Meßzeitraums, während mit Zähler 1 die aktuelle Abtastposition innerhalb des Meßzeitraums festgelegt wird. Alle Zählerblöcke werden so programmiert, daß sie kontinuierlich arbei-

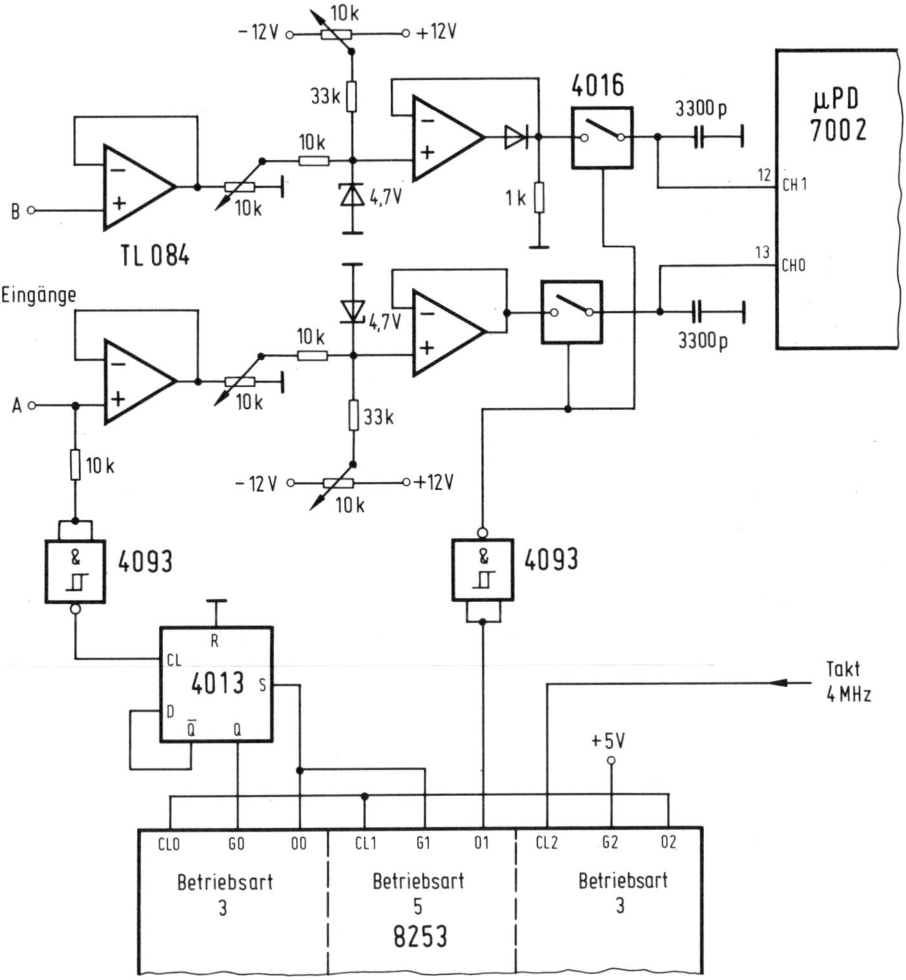

Abb. 13.2 Abtastung periodischer Signale. Die Abtast-Halteglieder werden durch Analogschalter und Speicherkondensatoren gebildet

ten. Der nachgeschaltete A/D-Wandler darf deshalb asynchron zu den Zählern gestartet werden. Es besteht keine zeitliche Einschränkung für die Wandelzeit und das Auslesen der Meßwerte.

Zur Synchronisierung wird das Eingangssignal zunächst mit einem Schmitt-Trigger 4093 in ein Rechtecksignal umgeformt, das auf den Takteingang eines Flipflops 4013 gelangt. Sobald irgendein Impuls den Ausgang Q des 4013 und damit den Gate-Eingang des Zählerblocks 0 hochsetzt, beginnt der Zählvorgang zur Erzeugung des Meßzeitraums. Dabei arbeitet der Zähler 0 in der Betriebsart 3 (Teiler mit Rechtecksignalen). Beim Start des Zählers wird sein Ausgang hochgesetzt. Damit wird einerseits der folgende Zähler 1 gestartet und andererseits der Set-Eingang des Flipflops gesetzt, so daß es nicht auf weitere Impulse des Eingangssignals reagieren kann. Im Meßzeitraum können also mehrere Perioden des Meßsignals liegen. Sobald der positive Impuls des Rechtecksignals von Zähler 0 beendet ist, wird das Flipflop freigegeben. Die nächste positive Flanke wird es wieder zurücksetzen. Damit wird über den Gate-Eingang unmittelbar der Zähler 0 gestoppt. Er gibt ein positives Ausgangssignal ab, das wiederum das Flipflop setzt und damit den Zähler neu startet.

Jeder Eingangsimpuls nach dem Ende des Zählerimpulses führt also zu einem Neustart des Zählers 0. Auf diese Weise fällt der Start immer mit einer positiven Flanke des Meßsignals zusammen, so daß der gesamte Meßvorgang mit dem Eingangssignal synchronisiert wird. Falls allerdings die Eingangsfrequenz zu gering ist und innerhalb des zurückgesetzten Zustandes des Zählers kein Eingangsimpuls erscheint, läuft er frei weiter, so daß es zu einer Fehltriggerung kommt. Es besteht daher für diese Schaltung die Einschränkung, daß die eingestellte Meßperiode größer als die halbe Periode des Meßsignals sein muß. Soll ein kleinerer Zeitraum der Eingangsperiode betrachtet werden, dann ist dies über die Abtastposition von Zähler 1 zu steuern. Bei der Programmierung des Zählers 0 ist zu beachten, daß nur die halbe Periode als Meßzeitraum dient. Der Teilerfaktor ist also doppelt so groß wie der Quotient aus Meßzeitraum und Abtastperiode. Bei einer gewünschten Messung aus 620 Einzelwerten, die der Breite des CGA-Bildschirms angepaßt ist, beträgt die Meßzeit 620 Abtastperioden und es muß der Teilerfaktor auf 1240 eingestellt werden.

Zähler 1 bestimmt die aktuelle Position des Abtastimpulses. Er arbeitet in der Betriebsart 5 und erzeugt damit verzögerte negative Einzelimpulse, wobei der Zählvorgang immer von einer positiven Flanke am Gate-Eingang, hier also vom Ausgang des Zählers 0 gestartet wird. Im gewählten Beispiel muß er in einer Schleife alle Werte von 1 bis 620 annehmen, um den gesamten Meßzeitraum abzutasten. Die Abtastrate wird durch den Zähler 2 eingestellt. Er arbeitet in der Betriebsart 3 und erzeugt ein heruntergeteiltes Rechtecksignal. Die höchste Abtastrate von 2 MHz ergibt sich bei einem Teilerfaktor von 2. Die Länge des Abtastimpulses beträgt dabei 0,5 µs, womit bei 620 Abtastpunkten ein Meßzeitraum von 310 µs überstrichen wird.

Die Eingangsstufen des Geräts erlauben die Einstellung der Amplitude und des Eingangs-Offsets. Es wurden zwei der vier möglichen Kanäle aufgebaut. Für spezielle Anwendungen kann man auf die Vorverstärker verzichten, wenn sichergestellt ist, daß das Eingangssignal im erlaubten Spannungsbereich zwischen 0 V und 5 V liegt. Wird an einem Kanal der Bereich überschritten, dann werden die internen Schutzdioden des Analogschalters 4016 und des Eingangsmultiplexers im µPD7002 leitend. Dabei zeigt sich eine unangenehme Eigenschaft der CMOS-Analogschalter: Wenn die Schutzdioden eines Eingangs leitend werden, verlieren geöffnete Schalterkanäle ihren hohen Isolationswiderstand, und es kommt zu einer gegenseitigen Beeinflussung der Kanäle. Es muß also auf jeden Fall vermieden werden, daß der erlaubte Bereich überschritten wird. Noch freie Eingänge des A/D-Wandlers werden an Masse gelegt. In den Eingangsstufen begrenzen Zenerdioden den Eingangsspannungsbereich zwischen –0,7 V (Durchlaßspannung) und 4,7 V (Zenerspannung). Da die negative Begrenzung noch nicht ausreicht, wird zusätzlich eine Diode in den Ausgang des zweiten Pufferverstärkers des Kanals B gelegt. Seine Ausgangsspannung kann damit nicht unter 0 V absinken. Beim Arbeiten mit Kanal A braucht man also keine Beeinflussung durch die Spannung am Kanal B zu befürchten. Allerdings verschlechtert diese Maßnahme das Verhalten von Kanal B, wenn Eingangssignale höherer Frequenz in ihren negativen Bereichen beschnitten werden, da der Operationsverstärker hier in die Sättigung geht. Deshalb wurde auf eine gleiche Schutzmaßnahme für Kanal A verzichtet.

Die folgende Tabelle zeigt die Ansteuerung des Abtastgeräts bei einer Abtastrate von 1 MHz. Es wird davon ausgegangen, daß der 8253 über die Freigabeleitung Y1 aktiviert wird, so daß der Baustein die Adressen 16 bis 19 belegt.

Adresse	Sendedaten	Empfangsdaten	Kommentar
19	54		Zähler 0, Mode 3
16	0	k	Zähler 0, Lowbyte
16	5	e	Highbyte (5*256)
19	122	i	Zähler 1, Mode 5
19	182	n	Zähler 2, Mode 3
18	4	e	Zähler 2, Lowbyte
18	0		Highbyte (1 MHz)
17	1		Zähler 1, Lowbyte
17	0		Highbyte
Messung über µPD7002, 1. Abtastpunkt			
17	2		Zähler 1, Lowbyte
17	0		Highbyte

Adresse	Sendedaten	Empfangsdaten	Kommentar
Messung über µPD7002, 2. Abtastpunkt			
17	3		Zähler 1, Lowbyte
17	0		Highbyte
Messung über µPD7002, 3. Abtastpunkt			
	usw.		

Sollen Messungen über beide Kanäle durchgeführt werden, dann müssen nach jeder Einstellung des Abtastzeitpunktes zwei Messungen über die entsprechenden Kanäle des µPD7002 ausgeführt werden. *Listing 23* zeigt ein Basic-Programm zur Ausführung von Zweikanal-Messungen mit beliebigen Abtastraten bis 2000 kHz. Da die Auflösung des verwendeten CGA-Schirms in vertikaler

```
5  REM  Abtastprogramm, 2 Kanäle, 2000 kHz
10 SCREEN (2.1)
20 KEY OFF
30 INPUT "Abtastrate in kHz ";F
40 INPUT "Step  ";S
50 T=4000/F : H=INT(T/256): L=T-256*H
60 CLS
70 LOCATE 25,1
80 PRINT "Abtastrate ="F ;"kHz  Stepwert ="; S ;"  Wiederholen w  Anfang a
90  OPEN "COM1:1200,N,8,1"  AS #1
100 PRINT#1,CHR$(19);CHR$(54);CHR$(16);CHR$(0);CHR$(16);CHR$(5);
110 PRINT#1,CHR$(19);CHR$(122);CHR$(19);CHR$(182);CHR$(18);CHR$(L);
120 PRINT#1,CHR$(18);CHR$(H);
130 FOR K=0 TO 1
140 FOR X= 1 TO 640 STEP S
150 H= INT (X/256): L=X-256*H
160 PRINT#1,CHR$(17);CHR$(L);CHR$(17);CHR$(H);
170 FOR N= 1 TO (T+1) : NEXT N
180 IF X=1 THEN GOSUB 500
190 FOR N= 1 TO 200: NEXT N
200 GOSUB 500
210 IF (D>185) THEN D=185
220 IF X= 1 GOTO 240
230 LINE (  X-S,190-E)-(  X,190-D)
240 E=D
250 NEXT X
260 NEXT K
270 CLOSE #1
280 IF INKEY$ = "w" GOTO 50
290 IF INKEY$ = "a" GOTO 10
300 GOTO 280
500 PRINT#1,CHR$(40);CHR$(8+K); : REM MESSEN AD7002, 8 BIT
510 PRINT#1, CHR$(169);
520 D= ASC (INPUT$(1,#1))
530 RETURN
```

Listing 23 Basic-Programm zum Erfassen periodischer Signalverläufe an zwei Kanälen

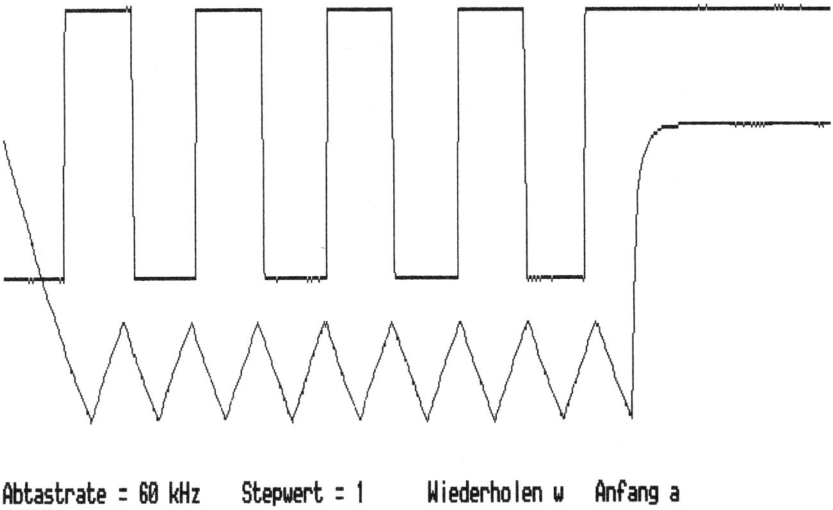

Abb. 13.3 Ergebnis einer Messung am seriellen Empfänger (vgl. Abb. 5.2)

Richtung auf 200 Punkte begrenzt ist, wird der A/D-Wandler nur im 8-Bit-Betrieb verwendet. *Abb. 13.3* zeigt eine Beispielmessung. Hier werden die internen Signale des seriellen Empfängers aus Kapitel 5 untersucht.

Das Abtastverfahren läßt sich leicht auf digitale Signale anwenden. Die Abtastimpulse müßten dann bei unveränderter Steuerschaltung ein Datenlatch (z. B. LS374) steuern. Jedes festgehaltene Byte kann über den parallelen Interface-Bus entweder direkt aus dem Datenlatch oder z. B. über einen 8255 vom Rechner gelesen werden. Auf diese Weise lassen sich periodische digitale Signale auf acht Leitungen mit einer Abtastrate von bis zu 2 MHz registrieren.

14 Transientenrecorder

Um einmalige, nichtperiodische Vorgänge kurzer Dauer registrieren zu können, ist es sinnvoll, gemessene Werte hardwaregesteuert in einem RAM zwischenzuspeichern. Dabei kann ein A/D-Wandler mit wesentlich größeren Umsetzraten betrieben werden als unter Kontrolle eines Rechners. Gespeicherte Kurvenzüge (Transienten) können mit geringerer Geschwindigkeit zur Bearbeitung an den Rechner weitergeleitet werden. Sie lassen sich aber auch direkt über einen D/A-Wandler zurückwandeln. So kann man einmalige Vorgänge wiederholt und in gewünschter Geschwindigkeit wiedergeben. Anwendungen sind z. B. das Speicheroszilloskop oder die Generierung von Klängen.

Die in *Abb. 14.1* vorgestellte Schaltung verfügt über ein 32 KByte großes RAM. Mit dem eingesetzten A/D-Wandler AD7820 werden Umsetzraten bis zu 500 kHz erreicht. Die Datenübertragung und Steuerung erfolgt über den parallelen Interface-Bus. Man kann über die serielle Schnittstelle Daten aus dem RAM lesen und ins RAM schreiben, um z. B. aufgenommene Daten bearbeitet wieder auszugeben oder berechnete analoge Signale zu erzeugen. Neben Daten des RAMs können auch fest programmierte Daten aus einem EPROM ausgegeben werden, was den Einsatz der Schaltung als Funktionsgenerator erleichtert.

Die Verbindung zum parallelen Interface-Bus geschieht über einen Timer 8253 zur Erzeugung der gewünschten Übertragungsraten und einen Portbaustein 8255 zur Datenübertragung und Steuerung. Die Schaltung verfügt über einen internen Datenbus mit einer Breite von ebenfalls 8 Bit. Hier findet der Datenaustausch zwischen A/D-Wandler, D/A- Wandler, RAM und EPROM statt. Die Verbindung zum äußeren Datenbus ist über den Port B des 8255 in beiden Richtungen möglich. Neben dem Datenbus existiert ein 15 Bit breiter Adreßbus, der von vier Synchronzählern 4516 gesteuert wird. Die Zähler erhalten über eine gemeinsame Clock-Leitung Zählimpulse zum linearen Hochzählen der Adressen. Die acht höchstwertigen Zählerstufen sind über ihre Preset-Eingänge an den Port A des 8255 gelegt. Damit läßt sich der Adreßbereich in 256 gleiche Bereiche von je 128 Byte aufteilen, auf deren Anfang der Adreßzähler voreingestellt werden kann.

Der Port C des 8255 übernimmt wichtige Steuerfunktionen des Transientenrecorders. Insbesondere wird hier festgelegt, welcher Baustein aktiv auf den

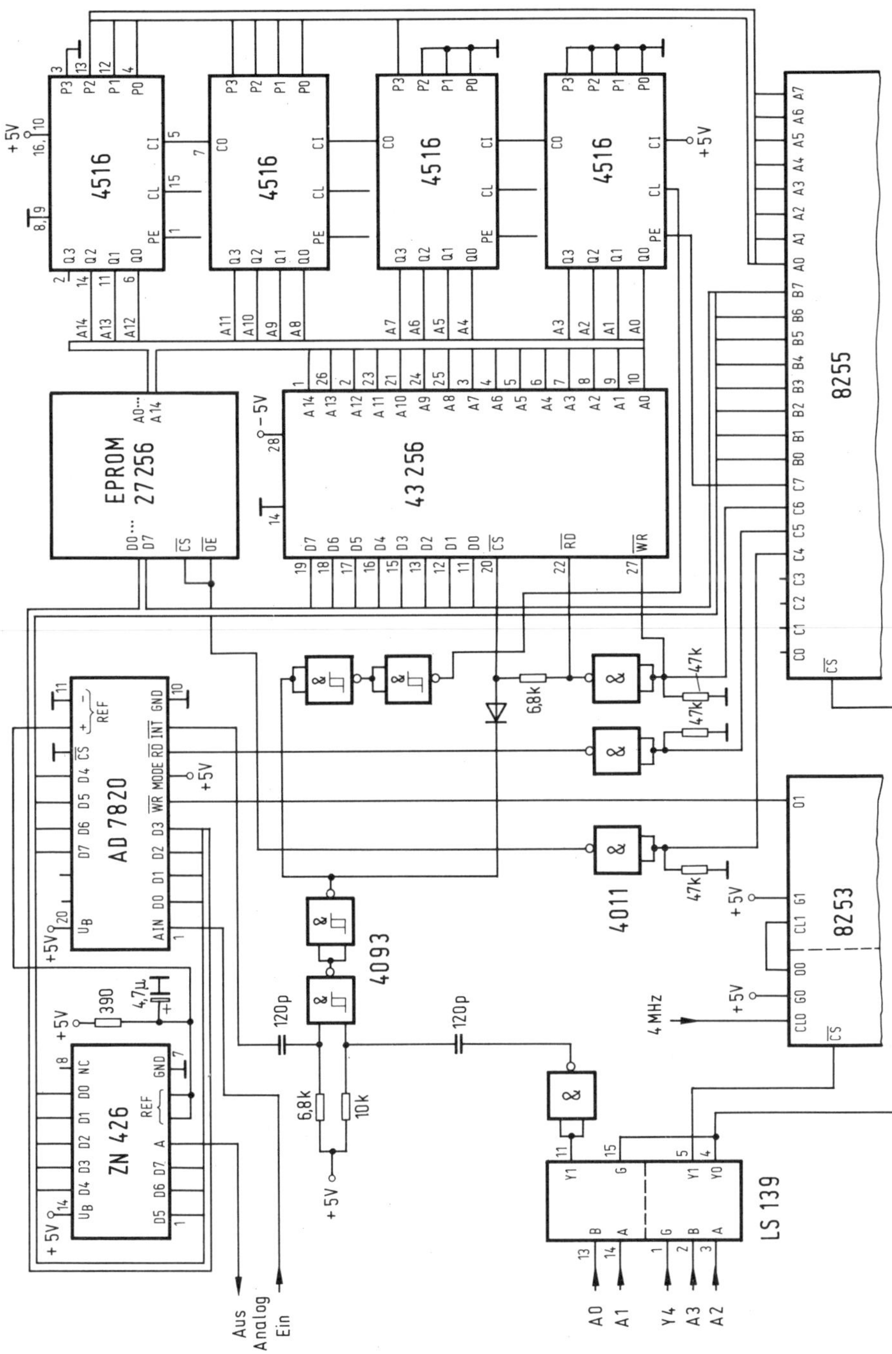

Abb. 14.1 Der Transientenrecorder verfügt über einen eigenen schnellen Datenbus

internen Datenbus schreiben darf. Da nach der Initialisierung des Ports als Ausgabeport zunächst alle Ausgänge low sind, muß die Steuerung aktiv-high festgelegt werden, um zu verhindern, daß bei der Initialisierung mehrere Ausgänge zugleich auf den Bus gelegt werden können. Dabei gilt folgende Aufteilung:

Port C, Bit 4	aktiviert EPROM-Ausgabe
Port C, Bit 5	aktiviert RAM-Ausgabe
Port C, Bit 6	aktiviert A/D-Wandler-Ausgabe
Port C, Bit 7	aktiviert Adreßzähler-Voreinstellung

Da der Port B des 8255 ebenfalls am Datenbus liegt, muß über das Steuerwort dieses Bausteins seine Datenrichtung festgelegt werden. Es besteht kein hardwaremäßiger Schutz gegen Buskonflikte, so daß bei der Programmierung einige Sorgfalt nötig ist. Der D/A-Wandler ZN426 liegt als lesender Baustein immer am Bus und wandelt damit alle Daten, die über den Bus geleitet werden, in Analogwerte zurück.

Die Schaltung belegt insgesamt die Adressen 64 bis 71 des äußeren Adreßbusses. Dabei wird die Freigabeleitung Y4 des Interfaces verwendet. Der Adreßdecoder LS139 enthält zwei unabhängige Blöcke zur Dekodierung von je vier Unterbereichen. Hier steuert Y40 (Bereich 64...67) den 8255 und Y41 (Bereich 68...71) den 8253. Der Adreßbereich des 8255 wird im zweiten Decoderblock noch weiter dekodiert, so daß man getrennte Auswahlimpulse für die Adressen 64 bis 67 erhält. Der Ausgang Y1 des zweiten Blocks liefert Impulse bei jedem Zugriff auf die Adresse 65, also auf den Port B des 8255. Sie werden zur Steuerung des Adreßzählers benötigt, um Daten sukzessive ins RAM schreiben oder auslesen zu können.

Der verwendete A/D-Wandler 7820 [8] arbeitet halb-parallel nach einem besonderen Verfahren, das einen guten Kompromiß zwischen hoher Geschwindigkeit und geringem Aufwand darstellt. Nach dem Prinzip eines Flash-Wandlers werden zunächst nur die vier höherwertigen Bits gewandelt. Dazu sind 16 parallele Komparatoren nötig. Die gewonnenen digitalen Daten werden dann in einen Analogwert zurückgewandelt, der sich vom Meßwert um Bruchteile der 4-Bit-Abstufung unterscheidet. Ein analoger Subtrahierer bildet die verbleibende Differenz, die dann einem zweiten parallelen 4-Bit-Wandler zur Gewinnung der unteren vier Bits zugeführt wird. Bei diesem Verfahren kommt man mit 32 Komparatoren aus, während ein reiner Flash-Wandler 256 Komparatoren benötigt. Es hat andererseits eine gewisse Ähnlichkeit mit der sukzessiven Approximation, wobei aber hier statt 8 Annäherungsschritten nur zwei nötig sind. Deshalb ermöglicht der AD7820 Umsetzzeiten von weniger als 1,4 µs.

Der Wandler kann in zwei Betriebsarten verwendet werden, die sich in den notwendigen Steuersignalen unterscheiden, und die über den Pegel am MODE-Eingang gewählt werden können. In der Betriebsart 0 (MODE an Masse gelegt) wird der Umsetzprozeß durch eine Leseoperation gestartet, indem $\overline{\text{CS}}$ aktiviert und ein $\overline{\text{RD}}$-Impuls angelegt wird. Pin 6 des Bausteins ist in dieser Betriebsart ein Ausgang für ein Wait-Signal (RDY). Er wird so lange low, bis die Umsetzung abgeschlossen ist. Ein angeschlossener Prozessor soll den $\overline{\text{RD}}$- Impuls in einem Wait-Status über die Umsetzzeit hinaus halten, bis gültige Daten eingelesen werden können. Diese Betriebsart ist speziell für solche Prozessoren geeignet, die über einen Wait-Status verfügen. In diesem Fall liefert eine einzige Leseoperation gewandelte Daten.

Die Betriebsart 1 (MODE an +5 V) verwendet den Pin 6 des Wandlers als Steuereingang $\overline{\text{WR}}$, über den eine Schreiboperation durchgeführt werden kann. Es werden allerdings nicht wirklich Daten in den Wandler geschrieben, sondern ein negativer Impuls mit einer Länge von mindestens 0,6 µs an $\overline{\text{WR}}$ startet die Wandlung mit seiner ansteigenden Flanke, also mit dem Ende des Impulses. Im Prinzip handelt es sich hier also um einen Start-Eingang für die Umwandlung. Während der Impulszeit des Start-Impulses können noch Daten der letzten Wandlung gelesen werden. Mit dem Start der neuen Wandlung werden die Datenleitungen allerdings gesperrt (hochohmig). Der Ausgang INT (Interrupt) zeigt durch einen negativen Impuls die Dauer der Umsetzzeit an. In dieser Betriebsart kann ein Prozessor also die Umsetzung durch eine Schreiboperation starten und das Ergebnis entweder nach einer Warteschleife oder nach Auslösung eines Interrupt auslesen. Die hier vorgestellte Schaltung ohne eigenen Prozessor verwendet ebenfalls die Betriebsart 1.

In der folgenden Tabelle werden alle Anschlüsse des AD7820 aufgeführt:

Pin	Bezeichnung	Funktion
1	VIN	Eingangsspannung
2	D0	
		bis Datenleitungen, Tristate-Ausgänge
5	D3	
6	$\overline{\text{WR}}$/RDY	Write-Steuerleitung oder Statusausgang, je nach MODE-Zustand
7	MODE	Eingang zur Wahl der Betriebsart
8	$\overline{\text{RD}}$	Read-Steuerleitung
9	$\overline{\text{INT}}$	Interrupt Ausgang, hoch während der Umsetzung
10	GND	Masseanschluß

Pin	Bezeichnung	Funktion
11	– VREF	negativer Referenzeingang
12	+ VREF	positiver Referenzeingang
13	$\overline{CS}$	Freigabeeingang (Chip-Select)
14	D4	
	bis	Datenleitungen, Tristate-Ausgänge
17	D7	
18	$\overline{OFL}$	Overflow-(Überlauf-)Meldeausgang
19	NC	frei
20	UB	Betriebsspannung + 5 V

Der Wandler verfügt über einen negativen und einen positiven Referenzeingang, die beide mit beliebigen Spannungen im Bereich 0 V bis +5 V belegt werden dürfen. Es ist meist sinnvoll, den negativen Referenzeingang an Masse zu legen. Die positive Referenzspannung von 2,55 V wird hier vom D/A-Wandler ZN426 übernommen, da der AD7820 über keine eigene Spannungsreferenz verfügt. Die anloge Eingangsspannung des Wandlers wird durch Ladeströme der internen Komparatorkondensatoren impulsförmig belastet, wie dies auch schon beim Flash-Wandler µPD7003 (vgl. Kap. 7.1) zu beobachten war. Hohe Innenwiderstände der gemessenen Signalquelle führen zu einer Verformung des Meßsignals und können Meßfehler verursachen. Der Innenwiderstand der Signalquelle sollte daher etwa 1 kΩ nicht überschreiten.

Jeder Wandler mit sukzessiver Approximation erfordert ein Eingangssignal, das für die Dauer der gesamten Wandlung im Bereich eines halben LSB stabil bleibt. Bei schnell veränderlichen Eingangsspannungen sollte man daher mit einem Sample-And-Hold-Zusatz arbeiten, um Meßfehler zu vermeiden. Das gilt im Prinzip auch für den AD7820, der seine Wandlung in zwei Stufen durchführt. Allerdings braucht die Eingangsspannung nicht während der gesamten Umsetzzeit stabil zu sein, sondern nur in einem Zeitraum von ca. 0,1 µs. Praktisch können noch Anstiegsgeschwindigkeiten von 100 mV/µs fehlerfrei verarbeitet werden. Ein Sinussignal mit 10 kHz kann auch bei Vollaussteuerung noch ohne Sample-And-Hold-Glied fehlerfrei umgesetzt werden.

Der Transientenrecorder nach Abb. 14.1 wird beim Erfassen von Daten durch Impulse des Timers 8253 gesteuert. Ein erster Zählerblock wird als Vorteiler eingesetzt, der aus dem 4-MHz-Taktsignal einen Arbeitstakt von 1 MHz erzeugt. Der zweite Block arbeitet in der Betriebsart 2 als Frequenzteiler mit einer maximalen Ausgangsfrequenz von 500 kHz (kleinster Teilerfaktor 2) und erzeugt negative Impulse einer Taktlänge (1 µs). Diese Impulse starten den

Umsetzvorgang im AD7820. Die Mindestdauer von 0,6 µs wird weit überschritten, so daß der Wandler nicht an seiner Geschwindigkeitsgrenze arbeitet. Das Ende des Startimpulses löst einen positiven Impuls an $\overline{\text{INT}}$ aus, dessen Länge der Dauer der Umsetzung entspricht. Seine hintere Flanke wird zu einem Nadelimpuls differenziert und einem Schmitt-Trigger-Gatter 4093 zugeführt. Nach einer weiteren Invertierung entsteht ein kurzer negativer Impuls, der den Speicherbaustein 43256 zur Datenaufnahme aktiviert.

Die Steuerleitungen des Speichers werden über den Port C des 8255 statisch angesteuert. Mit C6 = 0 ist $\overline{\text{WR}}$ low und $\overline{\text{RD}}$ high, der Speicher kann beschrieben werden. Gleichzeitig ist aber $\overline{\text{CS}}$ high, also inaktiv. Über eine Diode gibt erst der vom A/D-Wandler ausgelöste Impuls den Baustein frei. Dies ist wichtig, weil der Speicher während jedes Wechsels der Adressen gesperrt sein muß, um eine Fehladressierung zu vermeiden. Die Adreßzähler ändern ihren Zustand mit einer positiven Flanke der gemeinsamen Taktleitung. Sie muß gegenüber der positiven Flanke an $\overline{\text{CS}}$ des Speichers etwas verzögert werden, damit dieser bereits sicher gesperrt ist. Dazu genügt die Durchlaufverzögerung zweier Gatter des 4093. Die Adreßleitungen werden nun um eine Stelle weitergeschaltet, so daß das nächste Byte jeweils in die folgende Adresse des Speichers gelangt. Schon während der Datenübertragung in den Speicher darf ein neuer Startimpuls für den A/D-Wandler beginnen. Der zeitliche Rahmen ist allein dadurch begrenzt, daß der Schreibvorgang vor dem Ende des Startimpulses abgeschlossen sein muß.

In der gezeigten Version des Transientenrecorders gibt es keinen automatischen Stop beim Erreichen der höchsten Speicheradresse. Er würde also von Beginn an mit neuen Daten überschrieben. Man kann die Meßzeit allerdings im Computer gleichzeitig messen und die Messung nach der gewünschten Zeit unterbrechen. Die Unterbrechung erfolgt durch Anhalten des Timers und durch Umschalten der Steuerleitungen an Port C.

Sollen aufgenommene Daten über den D/A-Wandler unverändert wieder ausgegeben werden, dann kann der Timer bei gleicher Ausgabefrequenz weiterarbeiten. Es genügt, die Datenrichtung auf dem internen Datenbus der Schaltung umzukehren. Statt C4 wird nun C5 gesetzt. Damit ist der 7820 vom Datenbus getrennt ($\overline{\text{RD}}$ high) und der Speicher gibt seine Daten permanent auf den Bus, da $\overline{\text{RD}}$ und $\overline{\text{CS}}$ aktiv sind. Obwohl der A/D-Wandler nicht mehr auf den Datenbus schreiben kann, führt er vollständige Umsetzzyklen durch. Damit entstehen auch die $\overline{\text{INT}}$-Impulse, die letztlich die Zählimpulse für die Adreßzähler auslösen. Die gleiche Impulserzeugung beim Speichern und Ausgeben erspart eine weitere Umschaltung der Steuerlogik. Die Daten werden also fortlaufend auf den Bus gelegt und vom D/A-Wandler ZN426 in ein analoges

Signal zurückgewandelt. Er arbeitet auch während der Speicherung von Daten, so daß die aufgenommenen Daten immer am D/A-Ausgang überwacht werden können.

Über die Adresse 65 des parallelen Interface-Bus kann man auch den Rechner auf den Speicher zugreifen lassen. Der Port B des 8255 ist zuvor entsprechend der gewünschten Datenrichtung zu initialisieren. Während der Datenübertragung zum oder vom Rechner muß der Taktgenerator abgeschaltet werden. Die Steuerung wird nun von Freigabeimpulsen des Adreßdecoders LS139 übernommen. Jeder Zugriff auf die Adresse 65, also auf den Port B, erzeugt gleichzeitig einen Steuerimpuls, der die gewohnte Steuersequenz erzeugt. Wird in den Speicher geschrieben, dann stehen gültige Daten vom Port B auf dem Datenbus, wenn der Speicher aktiviert wird. Alle Steuerleitungen des Ports C müssen dazu zurückgesetzt sein, so daß kein anderer Baustein auf den Bus schreiben kann und der Speicher Daten liest. Nach jedem Speicherzugriff wird die Adresse automatisch erhöht.

Die Datenübertragung vom Rechner in den Speicher wird zweckmäßigerweise durch eine Voreinstellung der Speicheradresse mit einem Impuls an C7 eingeleitet. Ohne besondere Programmierung des Ports A, der allerdings als Ausgabeport eingerichtet werden mußte, wird damit die Adresse Null eingestellt. Darauf braucht nur noch die gewünschte Anzahl Bytes in die Adresse 65 geschrieben zu werden. Die Daten werden hintereinander im Speicher abgelegt und stehen dann z. B. zur Ausgabe über den D/A-Wandler bereit. Eine entsprechende Voreinstellung über den Port A erlaubt auch die Wahl anderer Speicherbereiche.

Beim Auslesen des Speichers über die Adresse 65 wird der Port B als Eingabeport eingerichtet und C6 hochgeschaltet, so daß der Speicher aktiv auf den Bus schreibt. Nach jedem Auslesen einer Speicheradresse wird der Adreßzähler weitergeschaltet, so daß hier ebenfalls aufeinanderfolgende Daten übertragen werden. Wurden zuvor Daten in einem Umfang von mehr als 32 KByte aufgenommen, die den Adreßbereich voll ausschöpften, dann steht der Adreßzähler automatisch auf dem Anfang des im Speicher festgehaltenen Datensatzes. Man kann also ohne ein Rücksetzen des Zählers mit dem Auslesen beginnen. Werden geringere Datenmengen aufgenommen, dann empfiehlt sich ein Rücksetzen des Adreßzählers vor dem Messen und vor dem Auslesen.

Neben dem RAM ist auch die Verwendung eines EPROMs möglich. Es kann hier allerdings nicht programmiert, sondern nur ausgelesen werden. Es wird über die Steuerleitung C4 als Ausgabebaustein aktiviert. Sinnvoll ist die Umwandlung der Daten über den D/A-Wandler, womit sich z. B. ein Funktionsgenerator realisieren läßt. Dazu werden berechnete Daten ins EPROM gebrannt. Auf diese Weise lassen sich auch Signale anders nur schwer herstellbarer Funktionen generieren. Eine andere Anwendung ist die Sprachausgabe. Dabei werden zuvor aufgenommene Sprachsignale in ein EPROM gebrannt.

Die folgende Tabelle zeigt ein Beispiel für die Programmierung des Transientenrecorders. Es sollen Daten über den A/D-Wandler mit einer Umsetzrate von 50 kHz aufgenommen werden, wobei der Speicher mehrfach überlaufen darf. Auf ein Kommando soll die Datenrichtung umgekehrt werden, so daß die zuletzt eingelesenen 32 KByte über den D/A-Wandler wieder ausgegeben werden.

Adresse	Sendedaten	Empfangsdaten	Kommentar
67	130		Port B Input
71	52	k	Zähler 0, Mode 2
68	4	e	Zähler 0, Lowbyte
68	0	i	Zähler 0, Highbyte
71	116	n	Zähler 1, Mode 2
69	20	e	Zähler 1, Lowbyte
69	0		Zähler 1, Highbyte
66	64		Port C6, Messen
	Wartezeit		
66	32		Port C5, Ausgeben

Während die Ports A und C des 8255 als Ausgabeports gebraucht werden, muß der Port B als Eingabeport initialisiert werden, um den Datentransfer auf dem internen Bus nicht zu stören. Ein Zurücksetzen des Speichers ist für die gestellte Aufgabe nicht nötig, da bei einer Umschaltung der Datenrichtung zu einem beliebigen Zeitpunkt ohnehin ein nicht bekannter Speicherbereich benutzt wird. Die beiden Zählerblöcke werden mit den Teilerfaktoren 4 (4 MHz heruntergeteilt auf 1 MHz) und 20 (1 MHz heruntergeteilt auf 50 kHz) geladen. Die Messung beginnt, wenn über den Port C6 der A/D-Wandler aktiviert wird. Mit C5 wird umgekehrt der Speicher als Ausgabeelement aktiviert, so daß die gespeicherten Daten wieder ausgegeben werden. Man kann die Datenrichtung wiederholt umschalten, ohne die übrigen Einstellungen zu verändern. So lassen sich z. B. bestimmte Klänge oder Sprachsignale einfangen. Da der D/A-Wandler auch während der Messung alle digitalisierten Daten zurückwandelt, läßt sich hier vorteilhaft ein Mithörverstärker anschließen.

Listing 24 zeigt ein kleines Pascalprogramm zur Erzeugung der erforderlichen Steuersignale. Man kann hier auch die Umsetzrate in weiten Grenzen wählen. Je kleiner die Umsetzrate, desto länger wird die Aufnahmezeit. Für eine gute

```
program Speichersteuerung;
uses Crt, RS232;
var      Frequenz      : Real;
         Ch            : Char;

procedure InitSpeicher;
begin
  BusOut (67, 130);                { 8255, A,C out, B in  }
  BusOut (71, 54);                 { 8253, Timer 1, Mode 3}
  BusOut (71, 116);                { 8253, Timer 2, Mode 2}
  BusOut (68, 4);                  { Vorteiler, 4 MHz/4   }
  BusOut (68, 0);
end;

Procedure Abtastrate (Frequenz : Real);
var   teiler      : Integer;
      High, Low   : Byte;
begin
  Teiler := trunc (1000/Frequenz);
  High := Hi (Teiler);
  Low := LO (Teiler);
  BusOut (69, Low);
  BusOut (69, High);
end;


begin
  InitSpeicher;
  Write ('Abtastrate in kHz ');
  Readln (Frequenz);
  Abtastrate (Frequenz);
  Writeln ('l Einlesen    a Ausgeben   e  Ende');
  Repeat
    Ch := Readkey;
    if Ch = 'l' then BusOut (66, 64);
    if Ch = 'a' then BusOut (66, 32);
  until ch = 'e';
end.
```

Listing 24 Steuerprogramm zum Aufnehmen und Ausgeben analoger Signale

Sprachverständlichkeit ist mindestens eine Frequenz von 6 kHz erforderlich. Damit kann man einen über fünf Sekunden langen Text speichern. Allerdings ist die verarbeitete Bandbreite des Sprachsignals damit auf 3 kHz begrenzt. Bei der Aufnahme dürfen nach dem Abtasttheorem keine Frequenzen über 3 kHz auftreten. Deshalb ist ein steilflankiges 3-kHz-Tiefpaßfilter nötig. Umgekehrt muß bei der Wiedergabe auch das Ausgabesignal durch ein Tiefpaßfilter laufen, um Verzerrungen zu vermeiden. Allgemein gilt die Regel, daß die Übertragungsqualität besser wird, wenn man die Abtastrate erhöht. Bei einer Erhöhung über die doppelte Bandbreite hinaus (Oversampling) werden auch die Anforderungen an die Filter geringer. Gleichzeitig nimmt das Quantisierungsrauschen ab. Bei jeweils vierfacher Abtastfrequenz erscheint der Störabstand um 6 dB, also um ein Bit verbessert.

Man kann die Daten statt über den D/A-Wandler auch über die Schnittstelle ausgeben. Damit erhält man ein Speicheroszilloskop mit einer Darstellung am Bildschirm des Rechners. Es ist zweckmäßig, den Speicher vor dem Messen und vor dem Ausgeben an einen definierten Anfangspunkt zu setzen. Port C des 8255 zur Voreinstellung der Adreßbereiche ist nach der Initialisierung zurückgesetzt. Ein Preset-Enable-Impuls über Port C7 führt daher zu einem Speicher-Reset auf die Adresse Null. Die Messung sollte über eine berechnete Warteschleife gesteuert werden, so daß kein Speicherüberlauf entsteht. Dies ist leicht möglich, da der große Speicher nicht ganz gefüllt zu werden braucht.

Adresse	Sendedaten	Empfangsdaten	Kommentar
67	130		Port B Input
71	52	k	Zähler 0, Mode 2
68	4	e	Zähler 0, Lowbyte
68	0	i	Zähler 0, Highbyte
71	116	n	Zähler 1, Mode 2
69	L	e	Zähler 1, Lowbyte
69	H		Zähler 1, Highbyte
66	128		Reset
66	64		Port C6, Messen
	Wartezeit		
71	52		Zähler abschalten
66	128		Reset
66	32		Port C5, Ausgabe
	für jedes Byte wiederholen:		
65+128		XX	Daten zum Rechner

Listing 25 zeigt ein Basicprogramm für diese Aufgabe. Es ist speziell für die Untersuchung an Klängen ausgelegt. Deshalb werden die gewonnenen Daten in mehreren Kurven untereinander dargestellt, um einen größeren Zeitraum sichtbar zu machen. *Abb. 14.2* zeigt die Beispielmessung eines Sprachsignals.

```
10 REM Speicheroszilloskop
20 OPEN "COM1:1200,N,8,1"  AS #1
30 INPUT "Abtastrate in kHz ";A
40 N=1000/A
50 H=INT(N/256):L=N-256*H
60 PRINT#1,CHR$(67);CHR$(130);CHR$(71);CHR$(54);CHR$(68);CHR$(4)
70 PRINT#1,CHR$(68);CHR$(0);CHR$(71);CHR$(116);CHR$(69);CHR$(L);
80 PRINT#1,CHR$(69);CHR$(H);CHR$(66);CHR$(128);
90 PRINT#1,CHR$(66);CHR$(64);
100 FOR N=1 TO 100 *N :NEXT N
110 PRINT#1,CHR$(71);CHR$(116);
120 PRINT#1,CHR$(66);CHR$(128);CHR$(66);CHR$(32);
130 KEY OFF
140 SCREEN 2,1
150 CLS
160 REM LINE (20,0)-(20,200)
170 FOR M=1 TO 9
180 REM LINE (0,100)-(640,100)
190 PRINT#1,CHR$(128+65);
200 B$ = INPUT$ (1,#1)
210 PSET (20,100+20*M- ASC (B$))
220 FOR N= 0 TO 600
230 PRINT#1,CHR$(128+65);
240 B$ = INPUT$ (1,#1)
250 LINE - ((N+20),100+20*M- ASC (B$))
260 NEXT N
270 NEXT M
280 IF INKEY$="w" GOTO 150
290 IF INKEY$="a" GOTO 20
300 GOTO 280
```

Listing 25
Basic-Programm zur
Realisierung eines
Speicheroszilloskops

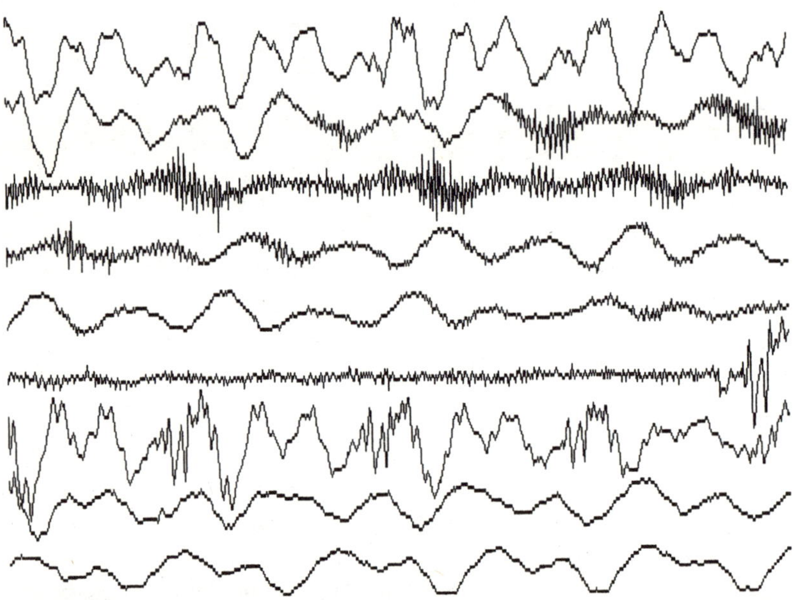

Abb. 14.2 Ein Meßergebnis des Speicheroszilloskops.
Hier wurde ein Sprachsignal aufgenommen

14.1 Start-Stop-Triggerung

Bisher verfügt der Transientenrecorder noch über eingeschränkte Steuermöglichkeiten. Für viele Anwendungen ist es erforderlich, Anfang und Ende von Messungen und Datenausgaben an festgelegte Triggerbedingungen zu knüpfen und bestimmte Speicherbereiche vorzugeben. Der Timerbaustein 8253 verfügt über drei Zählerblöcke, von denen bisher nur zwei eingesetzt wurden. Der freie Zähler kann dazu verwendet werden, parallel zum Adreßzähler voreingestellte Bereiche mitzuzählen, um dann Abläufe automatisch zu stoppen.

Abb. 14.3 zeigt eine erweiterte Steuerschaltung. Neben dem 8253 werden zwei 4011 eingesetzt. Die einzelnen Gatter werden als Signalumschalter und als ein RS-Flipflop eingesetzt. Es gibt insgesamt vier weitere softwaremäßig ansprechbare Steuerleitungen. Neben C7 des 8255 (Speicher-Voreinstellung) werden

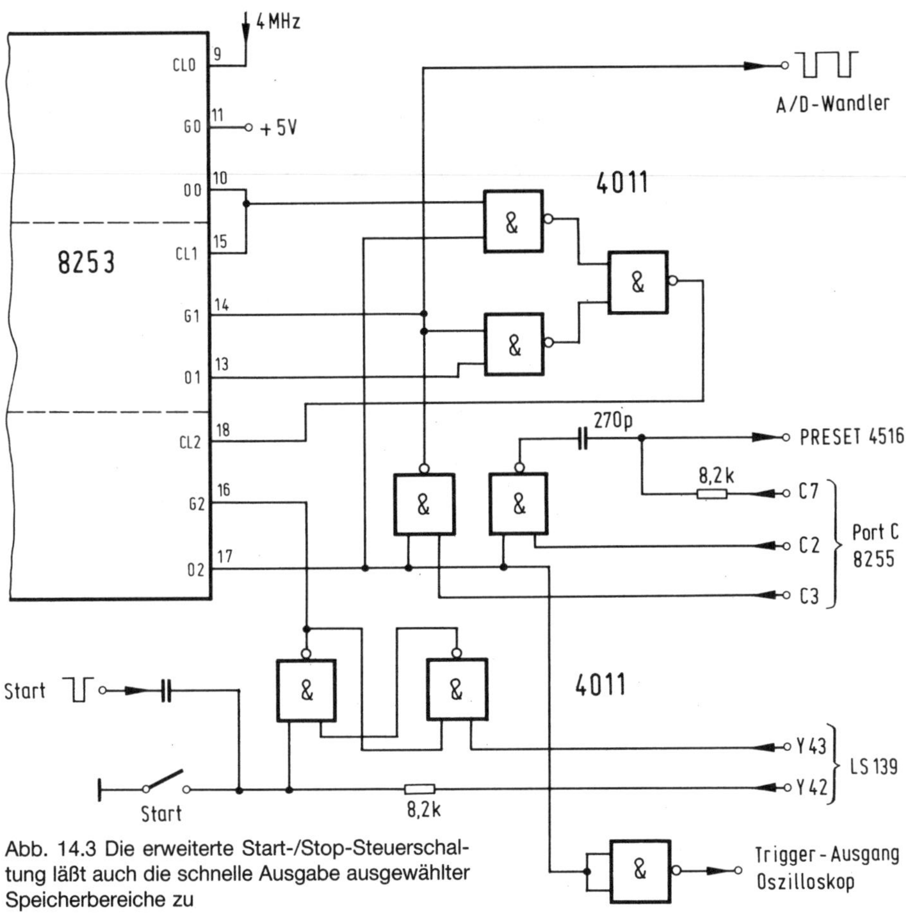

Abb. 14.3 Die erweiterte Start-/Stop-Steuerschaltung läßt auch die schnelle Ausgabe ausgewählter Speicherbereiche zu

nun auch C2 und C3 verwendet, um bestimmte Betriebsarten einzuschalten. Außerdem dienen die zwei freien Steuerleitungen Y42 und Y43 des Adreßdecoders zur Steuerung des RS-Flipflops. Man kann hier durch das Ansprechen der Adressen 72 und 76 Steuerimpulse auslösen. Alle bisher besprochenen Anwendungen und Programme arbeiten mit der Erweiterung unverändert weiter. Es kommen aber die folgenden neuen Möglichkeiten hinzu:

- *Schnelle Ausgabe kleinerer Speicherbereiche*

Bei der Auswertung gewonnener Daten am Oszilloskop zeigt sich, daß ein flimmerfreies Bild nur bei Datenmengen bis etwa 500 Byte möglich ist. Die Darstellung erfordert also die schnell wiederholte Ausgabe eines vorgewählten Bereichs. Über den Port A des 8255 ist zunächst die Anfangsadresse einzustellen. Den dritten Zählerblock (Zähler 2) kann man dann in der Betriebsart 2 (Frequenzteiler) mit der gewünschten Blocklänge laden. Damit der Zähler arbeiten kann, muß sichergestellt sein, daß das RS-Flipflop gesetzt ist. Dies wird über eine beliebige Ausgabe an die Adresse 72 erreicht. Außerdem muß das heruntergeteilte Signal des Zählers für den Transientenrecorder freigegeben werden. Dazu setzt man den Portausgang C2. Jetzt entstehen in den gewünschten Abständen kurze Ausgangsimpulse, die über einen Kondensator an die Voreinstelleingänge (Preset-Enable, PE) der Adreßzähler 4516 geleitet werden. Mit jedem dieser Impulse werden die Zähler auf den von Port A festgelegten Anfangswert zurückgesetzt.

Der ganze Ausgabevorgang wird durch das Zurücksetzen nicht unterbrochen. Es erscheint also ein kontinuierliches Signal am Ausgang des D/A-Wandlers. Die Darstellung am Oszilloskop erfordert jedoch eine Triggerung auf den Anfang des Signals. Deshalb werden die Zählimpulse gleichzeitig über einen Puffer an den Triggereingang des Oszilloskops gegeben. Dort entsteht dann ein flimmerfreies und klares Bild eines Ausschnitts der gespeicherten Signale. Der gewählte Bereich kann beliebig über den gesamten Adreßbereich des RAMs verschoben werden, ohne daß die Ausgabe unterbrochen wird. Dazu gibt man einfach neue Voreinstellungen an Port A aus, während alle Zähler unverändert weiterarbeiten. Im folgenden wird eine typische Steuerung der Ausgabe gezeigt, wobei davon ausgegangen wird, daß der Speicher bereits gefüllt wurde und daß die Wiedergabefrequenz gleich der Meßfrequenz ist, daß also die Zähler 0 und 1 nicht neu geladen werden müssen.

Adresse	Sendedaten	Empfangsdaten	Kommentar
66	36		C5 und C2 gesetzt
71	180	k	Zähler 2, Mode 2

Adresse	Sendedaten	Empfangsdaten	Kommentar
70	0	e	Lowbyte
70	2	i	Highbyte (512)
72	0	n	RS-Flipflop setzen
64	0	e	Port B
	Warten		
64	1		Bereich verschieben
	usw.		

● *Getriggerter Start einer Messung*

Bisher lag der Gate-Eingang des Zählers 1 immer hoch, so daß Steuerimpulse für den A/D-Wandler bereits mit dem vollständigen Laden des Zählers entstanden. Der Start und das Ende einer Messung wurde also per Software-Befehl festgelegt. Solange C3 low ist, bleibt der Gate-Eingang gesetzt. Setzt man allerdings C3, dann hängt der Zustand des Gate-Eingangs vom Ausgangssignal des folgenden Zählerblocks 2 ab. In der Betriebsart 1 des Zählers 2 erzeugt dieser einen negativen Impuls einstellbarer Länge, wenn er durch eine positive Flanke an seinem Gate-Eingang gestartet wird. Die Impulslänge ist dadurch gegeben, daß Zähler 2 eine voreingestellte Anzahl von Steuerimpulsen des Zählers 1 abzählt. Es wird also hier festgelegt, wieviele Einzelmessungen ausgeführt werden sollen.

Der Start des Zählers 2 ist erst möglich, wenn nach einer positiven Flanke am Gate-Eingang ein Taktsignal am Clock-Eingang erscheint. Dieses kann allerdings nicht vom Zähler 1 kommen, da er noch nicht gestartet ist. Deshalb wird das Taktsignal des Zählers 2 umgeschaltet. Eine Umschaltlogik aus drei Nand-Gattern sorgt dafür, daß das Taktsignal vor dem Start von Zähler 0 kommt, nach dem Start von Zähler 1.

Der eigentliche Start des Zählers 2 und damit des Meßvorgangs oder auch der Ausgabe wird durch das RS-Flipflop aus zwei Nand-Gattern gesteuert. Es muß vor der Messung durch einen Impuls an Y43 zurückgesetzt werden. Wenn alle Zähler eingestellt sind, ist die Schaltung bereit, auf ein Triggerereignis zu reagieren. Dies kann entweder die negative Flanke eines Signals am Triggereingang sein, oder die Betätigung der Start-Taste. Außerdem ist auch hier noch ein Software-Start über einen Impuls an Y42 möglich. Mit dem Start entstehen die Steuerimpulse für den A/D-Wandler. Nach der vorgegebenen Anzahl von Impulsen stoppt die Schaltung selbständig. Ein erneuter Start ist möglich, wenn zuvor das RS-Flipflop über einen Impuls an Y43 zurückgesetzt wurde. Die Tabelle zeigt die erforderlichen Kommandos zur Steuerung einer Einzelmessung mit einem Umfang von 1024 Byte bei einer Abtastrate von 500 kHz.

Adresse	Sendedaten	Empfangsdaten	Kommentar
67	130		Port B Input
71	52	k	Zähler 0, Mode 2
68	4	e	Zähler 0, Lowbyte
68	0	i	Zähler 0, Highbyte
71	116	n	Zähler 1, Mode 2
69	2	e	Zähler 1, Lowbyte
69	0		Zähler 1, Highbyte
71	178		Zähler 2, Mode 1
70	0		Zähler 2, Lowbyte
70	4		Zähler 2, Highbyte
66	128		Adreßzähler-Reset
76	0		RS-Flipflop-Reset
66	72		C6, C3, meßbereit
	Startbereit, Triggerung z. B. durch:		
72	0		Softwarestart

● *Vortriggerung*

Oft ist es erwünscht, auch die Vorgeschichte eines Ereignisses zu analysieren. Soll z. B eine bestimmte selten auftretende Störung in einem Netzteil untersucht werden, dann kann man die Triggerung an die Bedingung knüpfen, daß die Betriebsspannung einen bestimmten Grenzwert unterschreitet. Bei der Auswertung ist es interessant, was vor diesem Triggerereignis passierte. Es könnte etwa sein, daß die Spannung langsam absank, oder daß schon vorher kleinere impulsförmige Störungen auftraten. Um solche Informationen zu bekommen, setzt man die Vortriggerung ein. Dabei läuft die Messung und Registrierung von Daten permanent, wobei der Speicher immer wieder überschrieben wird. Mit dem Eintreten des Triggerereignisses beginnt parallel dazu ein Zählvorgang, der die gesamte Messung abbricht, nachdem nur noch ein gewisser Teil eines Speicherinhalts gefüllt wurde. Damit hat man z. B. 60 % mit Daten nach der Triggerung gefüllt, während 40 % des Speichers noch Meßdaten vor dem Triggerereignis enthalten. Der Adreßzähler bleibt genau auf dem Beginn der alten Daten stehen. Man braucht also nur alle Daten von dieser Adresse an auszulesen.

Die Vortriggerung läßt sich ganz ähnlich wie die einfache Triggerung realisieren. Zähler 2 muß dann in der Betriebsart 0 arbeiten. Dabei wird der Ausgang unabhängig vom Gate-Eingang gleich mit dem Laden des Zählers zurückgesetzt, während der Zähler bei einem Low-Signal am Gate-Eingang noch nicht arbeitet. Erst wenn das RS-Flipflop gesetzt wird, beginnt der Zählvorgang, an dessen Ende der Ausgang des Zählers 2 hochgesetzt wird, was den gesamten Ablauf unterbricht. Das RS-Flipflop muß vor dem Laden des Zählers 2 zurückgesetzt sein, sonst könnte ein Teil der eingestellten Nachtriggerzeit schon vor dem Start ablaufen. Jeder erneute Start erfordert ein neues Laden des Zählers 2. Die Tabelle zeigt die erforderlichen Einstellungen für 50 % Vortriggerung bei einer Abtastrate von 500 kHz.

Adresse	Sendedaten	Empfangsdaten	Kommentar
67	130		Port B Input
71	52	k	Zähler 0, Mode 2
68	4	e	Zähler 0, Lowbyte
68	0	i	Zähler 0, Highbyte
71	116	n	Zähler 1, Mode 2
69	2	e	Zähler 1, Lowbyte
69	0		Zähler 1, Highbyte
76	0		RS-Flipflop-Reset
71	176		Zähler 2, Mode 0
70	0		Zähler 2, Lowbyte
70	64		Zähler 2, Highbyte
66	72		C6, C3, Messung
	Triggerbereit		
	Start, Meßzeit		
66	40		C5, C3, Ausgabe
65+128		Byte 1	Daten auslesen
65+128		Byte 2	Daten auslesen
	usw.		

Listing 26 zeigt ein Beispielprogramm zur Ansteuerung des Transientenrekorders in Pascal. Es wird mit 50 % Vortriggerung gearbeitet. Die Triggerung kann hardwaremäßig über einen Triggerimpuls erfolgen. In der Prozedur „Vortrigger“ wird für den Fall eines ausbleibenden Triggerimpulses aber auch ein Softwarestart ermöglicht. Mit Betätigung der Taste „1“ wird nämlich die Adresse 72 angesprochen und damit das Start-Flipflop gesetzt.

```
program Transientenrekorder;
uses Crt, RS232, Graph;
var   Wert                      :   Byte;
      Ch                        :   Char;
      Abtastrate                :   Real;
      i, j                      :   Integer;
      GraphMode, GraphDriver    :   Integer;
      Puffer                    :   ARRAY [1..512] OF BYTE;
```

```
procedure Oeffnen19200;
    var  Wert : Byte;
    begin
      Port [$3FB]:=128;           { Baudeingabe aktivieren      }
      Port [$3F8]:=  6;           { Baudrate - LSB, 19200 Baud }
      Port [$3F9]:=  0;           { Baudrate - MSB              }
      Port [$3FB]:=  3;           { 8 Bits, No Parity, 1 Stop  }
      Port [$3FC]:=  3;           { DTR = 1, CTS = 1            }
      Wert := Port [$3F8]         { Empfangsregister leeren     }
    end;


procedure RAMplot;
begin
    BusIn (65,Wert);
    Puffer[1] := Wert div 2;
    for i := 2 to 512 do
    begin
       BusIn (65,Wert);
       Puffer[i] := Wert div 2;
       Line (50+i, 168-Puffer[i],50+i-1,168-Puffer[i-1]);
    end;
end;


procedure Diagramm;
begin
    Line (50,40,562,40);          Line (562,40,562,168);
    Line (562,168,50,168);        Line (50,168,50,40);
    for j := 0 to 16 do
    begin
      for i := 0 to 16 do
      begin
        PutPixel (50+i*32,40+j*8,1);
      end;
    end;
end;


procedure Vortrigger (Abtastrate : Real);
var Teiler      :   Integer;
    High, Low   :   Byte;
begin
  Teiler := trunc  (1000 / Abtastrate);
  High := Hi (Teiler);     Low  := Lo (Teiler);
  BusOut (67,130);         BusOut (71, 52);
  BusOut (68,  4);         BusOut (68,  0);
  BusOut (71,116);         BusOut (69, Low );
  BusOut (69, High);       BusOut (76,  0);
  BusOut (71,176);         BusOut (70,  0);
  BusOut (70, 64);         BusOut (66, 72 );
  repeat
    Ch := ' ';
    Ch := ReadKey;
  until Ch = '1';
  BusOut (72,  0);
  delay (Teiler * 16);
  BusOut (66, 40);
end;
```

```
begin
  Oeffnen19200;
  ClrScr;
  Writeln ('Abtastrate in kHz' );
  Readln (Abtastrate);
  GraphDriver := Detect;
  InitGraph (GraphDriver, GraphMode, '');
  ClearDevice;
  OutTextXY (50,0,'Start <1>   Plot <2>  Abtastrate  <a>   Ende <e>');
    repeat
      Ch := ' ';
      Ch := ReadKey;
        if Ch = 'a' then read (Abtastrate);
        if Ch = '2' then begin
           ClearDevice; Diagramm; RAMplot;
           end;
        if Ch = '1' then begin
           Vortrigger (Abtastrate); ClearDevice; Diagramm; RAMplot;
           end;
      OutTextXY (50,0,'Start <1>   Plot <2>  Abtastrate  <a>   Ende <e>');
    until (Ch = 'e')
end.
```

Listing 26 Pascal-Programm zum Betrieb des Transientenrecorders mit Vortriggerung. Einzelne 512-Byte-Bereiche werden nacheinander am Bildschirm dargestellt

Nach der Messung erfolgt die Ausgabe der Meßwerte in ein Diagramm mit 512 Werten. Mit der Taste „2“ können nacheinander alle 64 einzelnen 512-Byte-Bereiche des RAMs dargestellt werden. Die eigentliche Messung kann beliebig mit derselben oder einer anderen Abtastrate wiederholt werden. *Abb. 14.4* zeigt den Bildschirmausdruck einer Beispielmessung.

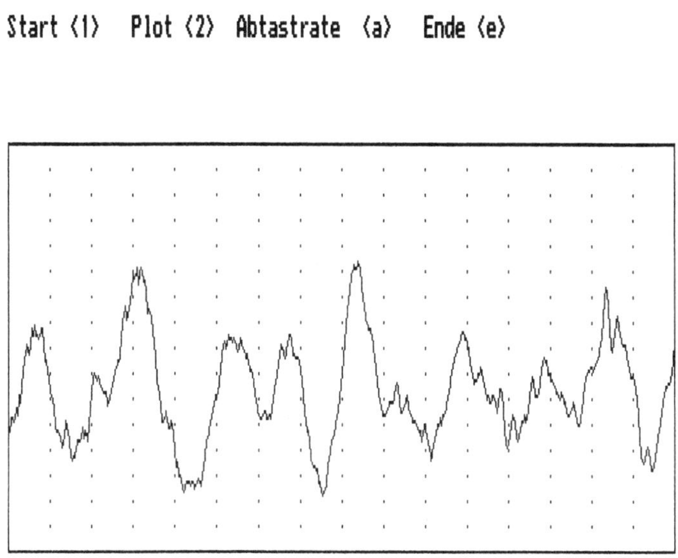

Abb. 14.4
Die Beispielmessung zeigt ein Musiksignal

Der Transientenrecorder läßt sich als universeller Funktionsgenerator einsetzen. Dabei werden beliebige Funktionen berechnet und über die serielle Schnittstelle in das RAM der Speicherplatine übertragen. Möglich ist auch der Einsatz eines EPROMs. Hier wird das Verfahren am Beispiel eines Sinusgenerators vorgestellt.

Der Funktionsgenerator soll Frequenzen bis 20 kHz erzeugen. Da die höchste Taktrate der Schaltung bei etwa 500 kHz liegt, darf die Funktion von Signalen mit 20 kHz nur aus 25 Stützwerten aufgebaut werden. Die durch die relativ grobe Abstufung erzeugten Verzerrungen machen sich erst im Frequenzbereich weit oberhalb der Ausgabefrequenz bemerkbar und sind durch ein Tiefpaßfilter leicht zu beseitigen. Bei kleineren Frequenzen des Sinussignals wären sie allerdings störend. Deshalb werden zusätzlich zwei Sinustabellen mit 250 und 2500 Stützwerten erzeugt. Damit sind für die drei Dekaden von 20 Hz bis 20 kHz drei verschiedene Adreßbereiche im RAM vorgesehen.

Der bisher eingesetzte Taktgenerator des Transientenrecorders läßt keine ausreichend feine Stufung der Ausgangsfrequenz zu. Mit ihm wären z. B. im oberen Bereich keine Frequenzen zwischen 10 kHz und 20 kHz zu erzeugen. Deshalb soll hier der PLL-Oszillator aus Kap. 12.2 eingesetzt werden. *Abb. 14.5* zeigt den veränderten Anschluß des Taktsignals. Über die besprochene Steuerung des PLL-Oszillators ist nun eine sehr feine Abstufung der Ausgangsfrequenzen möglich. Bei einer Schleifenfrequenz von 100 Hz beträgt sie im Bereich 200 Hz bis 2 kHz unter 1 Hz.

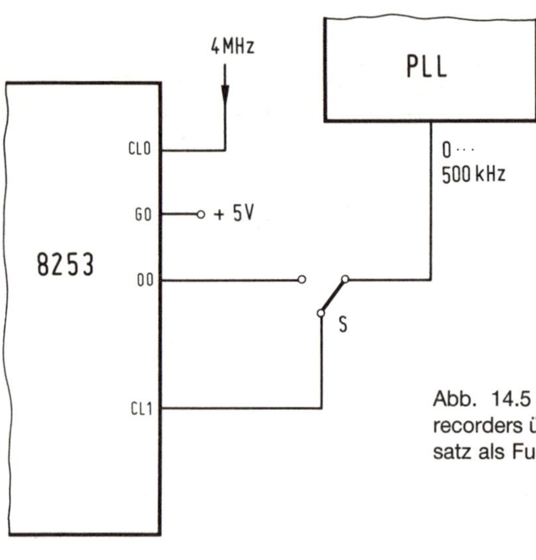

Abb. 14.5 Ansteuerung des Transientenrecorders über den PLL-Oszillator zum Einsatz als Funktionsgenerator

Listing 27 zeigt ein Pascal-Programm zur Steuerung des Sinusgenerators. Die Prozedur „SinusLaden“ erzeugt die drei Sinustabellen und überträgt sie über die Schnittstelle ins RAM. Die Tabellen liegen in den Adreßbereichen 0...25, 128...378 und 512...3012, wobei die Anfangsadresse jeweils mit der Voreinstellung der Adreßbereiche über den Port A des 8255 zu erreichen ist (Einstellung 0, 1, 4). Beim Start des Generators wird die gewünschte Frequenz in Hz an die Prozedur „Ausgabe“ übergeben. Sie berechnet den Bereich und stellt die erforderlichen Parameter, also Anfangsadressen des RAMs, Anzahl der Ausgabewerte und entsprechende Steuerbits zur automatisch wiederholten Ausgabe eines Bereichs ein. Außerdem wird hier die erforderliche Taktfrequenz der PLL berechnet und an die Prozedur „Einstellen“ übergeben.

Das Hauptprogramm veranlaßt zunächst das Laden der Sinusfunktion und fragt dann den Benutzer nach der gewünschten Frequenz. Neben der manuellen Eingabe der Frequenz ist auch eine programmgesteuerte Ausgabe möglich. Das alternativ angegebene Hauptprogramm überstreicht als Beispiel den Frequenzbereich von 200 Hz bis 800 Hz mit einer sinusförmigen Wobbelfunktion.

```
program Sinusgenerator;
uses Crt, RS232, PLL;

var Frequenz     : Real;
    Teiler, N    : Integer;

procedure SinusLaden;
var Spannung : Byte;     N : Integer;
begin
  BusOut (67, 128);                { 8255, A,C,C out      }
  BusOut (66, 128);                { C7, Zähler-Reset     }
  BusOut (66, 0);
  for N := 0 to 25 do begin
    Spannung := Lo ( round ( 127.5 + 127.5 * sin (N / 25 * 2 * Pi )));
    BusOut (65, Spannung);
  end;
  BusOut (64, 1);                  { Adresse 128          }
  BusOut (66, 128);
  BusOut (66, 0);
  for N := 0 to 250 do begin
    Spannung := Lo ( round ( 127.5 + 127.5 * sin (N / 250 * 2 * Pi )));
    BusOut (65, Spannung);
  end;
  BusOut (64, 4);                  { Adresse 512          }
  BusOut (66, 128);
  BusOut (66, 0);
  for N := 0 to 2500 do begin
    Spannung := Lo ( round ( 127.5 + 127.5 * sin (N / 2500 * 2 * Pi )));
    BusOut (65, Spannung);
  end;
  BusOut (67, 130);
  BusOut (66, 36);                 { Speicher Ausgabe    }
end;
```

```
procedure Ausgabe (Frequenz : Real);
var
  Abtastrate            :  Real;
  Punkte                :  Integer;
  Low, High, Teiler     :  Byte;
  Bereich, Bereichalt :  Byte;
begin
  Abtastrate := Frequenz * 0.025;
  Bereich := 0;
  Punkte := 50;
  if Frequenz < 2000 then begin
    Bereich := 1;
    Abtastrate := Frequenz * 0.25;
    Punkte := 500;
 end;
  if Frequenz < 200 then begin
    Bereich := 4;
    Abtastrate := Frequenz * 2.5;
    Punkte := 5000;
  end;
  BusIn (64, BereichAlt);
  if BereichAlt <> Bereich then begin
  BusOut (64, Bereich);
    BusOut (71, 54);
    BusOut (71, 116);
    BusOut (71, 180);
    BusOut (68, 4);
    BusOut (68, 0);
    BusOut (69, 2);
    BusOut (69, 0);
    High := Hi (Punkte);
    Low := LO (Punkte);
    BusOut (70, Low);
    BusOut (70, High);
    BusOut (72, 0);
  end;
  Abtastrate := Abtastrate * 2;
  Einstellen (Abtastrate);
end;


begin
  SinusLaden;
  PLL_Init;
  Frequenz := 1;
  repeat
    write ('Ausgangsfrequenz in Hz ');
    readln (Frequenz);
    Ausgabe (Frequenz);
  until Frequenz < 1 ;

{ Alternatives Hauptprogramm }
begin
  SinusLaden;
  PLL_Init;
  Einstellen (500);
  delay (2000);
    N := 0;
  repeat
    Frequenz := 500 + 300* sin (n/300);
    Einstellen (Frequenz);
    N := N+1;
  until KeyPressed;
end.
```

Listing 27
Pascal-Programm zur Realisierung eines Sinusgenerators. Die Prozeduren zum PLL-Oszillator müssen in einem Unit „PLL“ zusammengefaßt sein

15 Verwendung anderer Rechner

Alle Geräte, die in diesem Buch beschrieben wurden, lassen sich im Prinzip an jedem beliebigen Rechner mit RS232-Schnittstelle betreiben. Meist gibt es mehrere mögliche Zugänge zur Schnittstelle. Neben der Programmierung in einer Hochsprache wie Basic und der direkten Programmierung der Register eines Schnittstellen-Bausteins ist auch die Verwendung von Betriebssystem-Routinen möglich. Für Rechner ohne eingebaute RS232 kann diese oft softwaremäßig realisiert werden, indem man entsprechende Maschinenroutinen für einen seriellen Sender und Empfänger schreibt.

Im folgenden werden einige verbreitete Rechner beschrieben, die sich für Meß- und Steueraufgaben mit der seriellen Schnittstelle eignen. Dabei wird jeweils nur ein möglicher Zugang zur RS232 vorgestellt und an einem Beispiel demonstriert.

15.1 IBM AT

Der IBM AT und entsprechende Modelle sind praktisch kompatibel zum IBM PC, so daß alle Programme dieses Buchs auf ihnen laufen. Ein kleiner Unterschied betrifft den Anschluß. Hier wird ein 9poliger Sub-D-Anschluß verwendet. Die folgende Tabelle zeigt die Anschlußbelegung:

Pin 1	DCD
Pin 2	RXD
Pin 3	TXD
Pin 4	DTR
Pin 5	GND
Pin 6	DSR
Pin 7	RTS
Pin 8	CTS
Pin 9	RI

Oft wird neben der ersten seriellen Schnittstelle (COM1) noch eine weitere eingesetzt. Diese verfügt dann über verschobene Registeradressen. COM2 belegt die I/O-Adressen 2F8(hex) bis 2FF(hex). Soll sie eingesetzt werden, dann sind die Adressen in den Pascal-Prozeduren zur RS232 entsprechend zu ändern. Dasselbe gilt auch für PCs mit einer zweiten seriellen Schnittstelle

15.2 Apple IIe

Die meisten Apple-Computer besitzen eine serielle Schnittstelle nur in Form einer nachträglich eingesetzten Zusatzkarte. Sehr verbreitet ist z. B. die Super-Serial-Card, die wie viele ähnliche Karten mit dem Schnittstellenbaustein 6551 arbeitet. Je nach Karte wird unterschiedliche Treibersoftware eingesetzt. Meist arbeitet die serielle Karte im Slot 2 des Rechners. Üblicherweise verfügt sie über genormte Leitungstreiber und -empfänger.

Um allen Software-Problemen möglichst aus dem Weg zu gehen, soll der 6551 für die Übertragung einzelner Bytes direkt programmiert werden. Das führt zu Lösungen, die auf unterschiedliche Karten anwendbar sind. Der 6551 besitzt vier Register, die man direkt laden und auslesen kann. Die Basisadresse ist im allgemeinen 49288 + 16 * Slotnummer, d. h. das Datenregister belegt die Adresse 49320, wenn die Karte im Slot 2 steckt. Die folgende Aufstellung zeigt die Register des 6551:

Basisadresse:	Datenregister für Sende- und Empfangsdaten	
Basisadresse+1:	Statusregister	
	Bit 0..2	Fehlermeldungen
	Bit 3	Zeichen wurde empfangen
	Bit 4	Zeichen darf gesendet werden
	Bit 5	DCD ist gesetzt
	Bit 6	DSR ist gesetzt
	Bit 7	Interrupt ist aufgetreten
Basisadresse+2:	Kommandoregister	
	Bit 0	DTR setzen
	Bit 1	Interrupt sperren
	Bit 2/3	10 = Sende-Interrupt gesperrt, RTS an
	Bit 4	Echo-Betrieb
	Bit 5	Paritätsprüfung an
	Bit 6/7	Art der Paritätsprüfung
Basisadresse+3:	Steuerregister	
	Bit 0	Baudrate, 0110 = 300 Baud,
	bis	1000 = 1200 Baud, 1010 = 2400 Baud,
	Bit 3	1110 = 9600 Baud, 1111 = 19200 Baud
	Bit 4	interner Baudratengenerator für RX
	Bit 5/6	Anzahl der Datenbits: 00 = 8 Bit
	Bit 7	zwei Stopbits

Aus der Funktion der Register ergibt sich die grundsätzliche Handhabung der Schnittstelle. Zum Initialisieren mit 1200 Baud wird das Steuerregister mit 8+16 (= 24) geladen. Bit 4 wird gesetzt, damit der interne Taktgenerator für den Sender und den Empfänger verwendet wird. Das Kommandoregister wird mit 11 geladen. Damit sind DTR und RTS gesetzt, Empfang und Sendung eingeschaltet und jeder Interrupt gesperrt. Nach diesem Öffnen der Schnittstelle kann ein Byte gesendet werden, indem man es einfach in das Datenregister schreibt.

Werden Daten in schneller Folge gesendet, dann kann man sich durch Prüfen des Bit 4 im Statusregister vergewissern, daß ein neues Byte aufgenommen werden kann. Bit 3 des Statusregisters zeigt an, wenn ein Byte empfangen wurde und aus dem Datenregister ausgelesen werden kann. Statt der Abfrage des Statusregisters kann man auch passende Warteschleifen verwenden, um sicherzustellen, daß der Sender aufnahmebereit ist bzw. ein Byte im Empfänger angekommen ist. Soll die Schnittstelle nach abgeschlossener Datenübertragung wieder geschlossen werden, so genügt es, Null in das Kommandoregister zu schreiben.

Das Beispielprogramm in *Listing 28* zeigt die Verwendung des 12-Bit-Analoginterfaces aus Kapitel 8. Ähnlich könnte man auch in Pascal direkt auf die UART-Register zugreifen. Unter Turbo Pascal verschieben sich die Registeradressen allerdings um 8192 nach oben.

```
100 REM 12-BIT-AD-WANDLER
110 BA = 49320 :REM         BASISADRESSE, SLOT 2
120 POKE (BA+3),24 :REM     1200 BAUD
130 POKE (BA+2),11 :REM     RTS AN, KEIN INTERRUPT
140 FOR N=0 TO 3
150 GOSUB 200
160 PRINT "KANAL";N;":   ";U;" VOLT"
170 NEXT N
180 POKE (BA+2),0 :REM      SCHLIESSEN
190 END
200 REM MESSUNG
210 POKE (BA), 4+N: FOR M=1 TO 10:NEXT M
220 POKE (BA), 16: FOR M=1 TO 20:NEXT M
230 L = PEEK (BA)
240 POKE (BA), 8: FOR M=1 TO 20:NEXT M
250 H = PEEK (BA)
260 U = (H*16+L/16) / 4096 * 2.5
270 U = INT (U*1000) / 1000
280 RETURN
```

Listing 28 Der Apple IIe steuert das 12-Bit-Analog-Interface

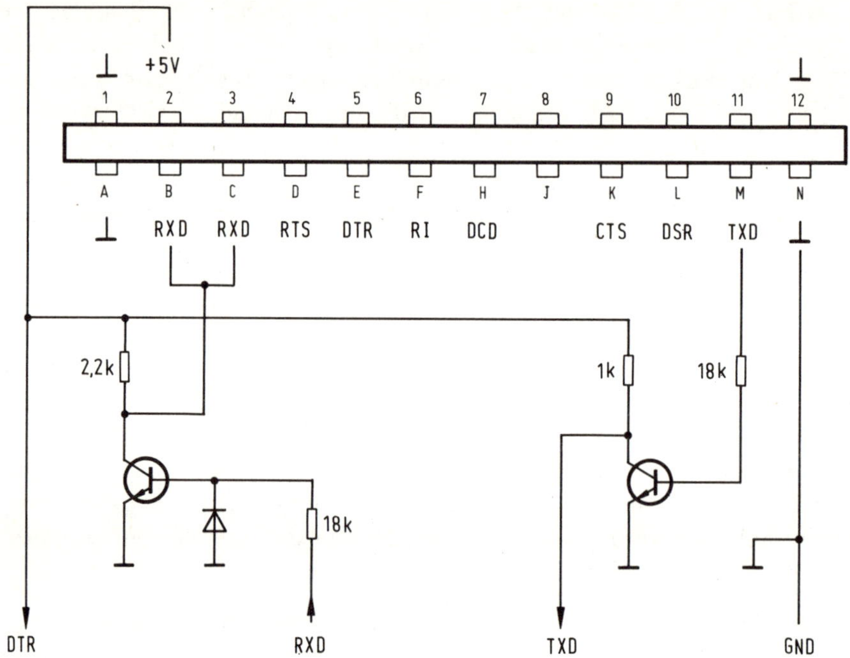

Abb. 15.1 Ein Adapter zum RS232-Anschluß des Userports am Commodore C64 und Plus 4

15.3 Commodore 64

Der C64 besitzt eine einfache serielle Schnittstelle, die am Userport erreichbar ist. Sie ist mit dem universellen Schnittstellenbaustein 6526 realisiert. Dabei wird die Funktion des UART 6551 softwaremäßig nachempfunden, der schon im Zusammenhang mit dem Apple IIe besprochen wurde.

Abb. 15.1 zeigt den Schnittstellenanschluß des Userports und ein einfaches Adapterkabel. Um den Aufwand möglichst gering zu halten, wurde auf die normgemäßen ±12-V-Pegel verzichtet. Die Schnittstelle arbeitet wie der Userport selbst mit TTL-Pegeln. Die einfachen Transistor-Inverter werden nur für die Datenleitungen TXD und RXD gebraucht. Der Adapter verzichtet auf die Handshake-Leitungen, da sie beim C64 ohnehin nicht korrekt arbeiten. DTR liegt z. B. immer hoch und wird durch das Öffnen und Schließen der Schnittstelle nicht beeinflußt. Um den 6526 zu schützen wird die Leitung DTR des Adapterkabels mit einem festen Pegel von +5 V verwendet. Mit dieser Anordnung kann man auch das potentialgetrennte Kabel einsetzen (vgl. Abb. 4.1).

Alle Arbeiten am Userport erfordern äußerste Sorgfalt, um eine Beschädigung des Rechners und insbesondere des 6526 zu vermeiden. Das bedeutet vor allem, daß der Userport-Stecker nie bei eingeschaltetem Computer aufgesteckt oder abgezogen werden darf. Andernfalls könnten statische Ladungen Schaden anrichten. Man sollte auch Vorsichtsmaßnahmen gegen ein verdrehtes Aufstekken des Userport-Steckers treffen. Mit aufgestecktem Adapter ist allerdings ein sehr sicheres Arbeiten möglich. Dabei darf auch das Schnittstellenkabel bei eingeschaltetem Computer verbunden werden.

Die RS232 ist sehr komfortabel im Basic des C64 implementiert. Sie verfügt über je einen 256 Byte großen Datenpuffer für Empfang und Sendung. Das Öffnen der Schnittstelle erfolgt mit:

```
OPEN 5,2,2, CHR$ (8) + CHR$ (1)
```

Dabei ist 5 die logische Dateinummer. Mit CHR$ (8) wird das nachgebildete 6551-Steuerregister geladen, um die Schnittstellenparameter einzustellen. In diesem Fall ist die Übertragungsrate 1200 Baud, es werden acht Datenbits und ein Stopbit verwendet. Die höchste verwendbare Übertragungsrate beträgt 2400 Baud (CHR$(11)). CHR$ (1) im obigen Beispiel lädt das nachgebildete 6551-Kommandoregister. Bit 0 wählt die Art des Handshake, nämlich Software-Handshake mit Xon und Xoff-Signalen (0) und Hardware-Handshake über die DTR und CTS (1). Es wurde die letztere Betriebsart gewählt, damit im Falle eines Überlaufs des Empfangspuffers die Datenausgabe nicht durch ein Xoff-Zeichen gestört wird. Bit 4 des Kommandoregisters ist 0 für Voll-Duplex-Betrieb, also gleichzeitiges Empfangen und Senden. Die drei höherwertigen Bits stellen die Paritätsprüfung ein und sind 0, wenn ohne Paritätsbit gearbeitet werden soll. Die Übertragung einzelner Zeichen ist etwa mit dem Vorgehen in GW-Basic vergleichbar. Das Senden eines Bytes mit dem Wert 100 geschieht z. B. mit:

```
PRINT#5, CHR$(100);
```

Der Empfang von Zeichen wird durch das erste Abholen eines Bytes mit GET#5 erst eingeschaltet. Es werden Textzeichen übergeben, die durch die Funktion ASC in Zahlenwerte umgewandelt werden können. Hier besteht allerdings die Schwierigkeit, daß ein empfangenes Zeichen mit dem Wert Null als Leerstring „“ übergeben wird und bei der Umwandlung durch ASC zu einer Fehlermeldung führt. Man muß dem Zeichen deshalb ein CHR$(0) anhängen. Der Empfang von Zeichen sieht dann so aus:

```
GET#5, B$              : REM nur einmal nach OPEN
GET#5, B$              : REM für jedes empfangene Byte
A=ASC (B$+CHR$(0))     : REM Umwandlung
```

```
10 OPEN 5,2,2,CHR$(8)+CHR$(1)
20 GET#5,A$ : REM EMPFAENGER STARTEN
30 PRINT "L LESEN  S SCHREIBEN  E ENDE"
40 GET A$ : IF A$="" GOTO 40
50 IF A$="L" THEN GOSUB 100
60 IF A$="S" THEN GOSUB 200
70 IF A$="E" THEN CLOSE 5: END
80 GOTO 40
100 REM BUS LESEN
110 INPUT "ADRESSE";A
120 PRINT#5,CHR$(A+128);
130 FOR N=1 TO 20:NEXT N
140 GET#5,B$
150 PRINT ASC(B$+CHR$(0))
160 RETURN
200 REM BUS SCHREIBEN
210 INPUT "ADRESSE";A
220 PRINT#5,CHR$(A);
230 INPUT "WERT";B
240 PRINT#5,CHR$(B);
250 RETURN
```

Listing 29
C64-Programm zum
Zugriff auf den
Interface-Bus

Listing 29 zeigt ein Beispielprogramm zum Einsatz der RS232, das den universellen Zugriff auf den parallelen Interface-Bus erlaubt. Es entspricht in seiner Wirkung dem Pascal-Programm in Listing 18.

15.4 Commodore Plus 4

Der Plus 4 unterscheidet sich vom C64 unter anderem dadurch, daß er die RS232 hardwaremäßig mit dem UART 6551 realisiert. Die Schnittstellenanschlüsse werden an den Userport geführt und sind exakt kompatibel zu denen des C64. Deshalb kann das Adapterkabel des C64 übernommen werden (Vgl. Abb. 15.1).

Die Bedienung der RS232 ist der beim C64 sehr ähnlich, aber noch um einiges einfacher. Beim Öffnen der Schnittstelle ist im Steuerregister zusätzlich das Bit 4 zu setzen, damit der Empfänger mit über den internen Taktgenerator des 6551 gesteuert wird. Beim Kommandoregister sind zusätzlich die Interruptbedingungen festzulegen. Bei der Verwendung in Basic lauten die erforderlichen Einstellungen für 1200 Baud:

```
OPEN 5,2,2,CHR$(24) + CHR$(5)
```

Das Senden eines Bytes erfolgt wie beim C64 mit:

```
Print#5, CHR$(100);
```

Der Empfang eines Bytes ist sofort nach dem Öffnen der Schnittstelle ohne eine weitere Vorbereitung möglich. Die Umwandlung der Textzeichen in Zahlenwerte ist beim Plus 4 problemlos:

```
Get#5,B$
A=ASC(B$)
```

Anders als beim C64 wird DTR korrekt bedient. Die Leitung ist also vor dem Öffnen low und wird erst mit dem Öffnen high. Neben der Programmierung mit Basic-Befehlen ist auch die direkte Verwendung der Register des 6551 möglich. Die Basisadresse, also die Adresse des Datenregisters, ist 64768. Man kann genau so vorgehen, wie es beim Apple IIe demonstriert wurde.

Listing 30 demonstriert die Verwendung der Schnittstelle an einem EPROM-Kopierprogramm mit dem Gerät aus Kapitel 9. Die Daten eines beschriebenen EPROMs werden zunächst ausgelesen und im Speicherbereich ab 20000 abgelegt. Danach erfolgt die Programmierung eines neuen EPROMs mit den vorher eingelesenen Daten.

```
10 PRINT "EPROM LESEN"
20 INPUT "GROESSE IN BYTE "; A
30 OPEN5,2,2,CHR$(24)+CHR$(5)
40 FOR N=1 TO 200:NEXT N
50 FOR N= 20000 TO 20000+A-1
60 PRINT#5,CHR$(0);
70 FOR M=1 TO 15:NEXT M
80 GET#5,B$
90 PRINT ASC(B$);
100 POKE N,ASC (B$)
110 NEXT N
120 CLOSE 5
130 PRINT "EPROM PROGRAMMIEREN"
140 INPUT "J/N"; C$
150 IF C$="J" GOTO 180
160 IF C$="N" THEN END
170 GOTO 130
180 OPEN5,2,2,CHR$(24)+CHR$(5)
190 FOR N=1 TO 200:NEXT N
200 FOR N= 20000 TO 20000+A-1
210 A=PEEK (N)
220 PRINT A;
230 PRINT#5,CHR$(A);
240 FOR M=1 TO 30:NEXT M
250 NEXT N
260 CLOSE 5
```

Listing 30
Der Plus 4 liest
und programmiert
EPROMs

15.5 Atari ST

Der Atari ST verfügt über eine serielle Schnittstelle, die an der Rückseite des Geräts über den auch beim IBM-PC üblichen 25poligen Stecker anzuschließen ist. Sie kann in sehr unterschiedlichen Betriebsarten verwendet werden, von denen einige, wie z. B. das synchrone Übertragungsverfahren nicht zu den vorgestellten Geräten passen. Unter ST Pascal Plus kann die serielle Schnittstelle mit Hilfe von entsprechenden Betriebssystem-Routinen erreicht werden. So liest z. B die allgemeine Eingabefunktion

```
funktion ByteIn (D : Byte) : Byte; Bios (2);
```

mit D=1 ein Zeichen von der seriellen Schnittstelle. Die Schnittstellenparameter können entweder beim Einschalten des Rechners einmal über das entsprechende Installationsmenü eingerichtet werden, oder aber im Programm über den Aufruf der XBIOS-Routine 15. Man übergibt ihr die gewünschten Parameter und öffnet sie damit gleichzeitig. Mit der Parameterliste „7,0,136,–1,–1,–1“ stellt man 1200 Baud, kein Handshake, asynchrone Datenverarbeitung mit 8 Datenbits, einem Stopbit und ohne Paritätsprüfung ein. Die Parameter –1 lassen die entsprechenden Schnittstellenregister unverändert. Der erste Parameter (7) steht für die Baudrate und kann den Erfordernissen angepaßt werden. Die wichtigsten Baudraten sind:

0:	19200 Baud	4:	2400 Baud
1:	9600 Baud	7:	1200 Baud
2:	4800 Baud	9:	300 Baud

Beim Installieren der Schnittstelle über das Installationsmenü oder über die XBIOS-Routine macht sich ein kleiner Hardware-Fehler unangenehm bemerkbar: Bei jedem Installieren bzw. Öffnen der Schnittstelle wird über TXD ein kurzer Impuls ausgegeben, der von einem angeschlossenen Gerät als ein Byte empfangen wird. Damit sind alle Geräte, die gezielt auf gesendete Bytes antworten sollen, zunächst aus dem Takt gebracht. Falls sie ein Byte zurücksenden, steht dieses an erster Stelle im Empfangspuffer und wird beim ersten Aufruf der Funktion „ByteIn“ ausgelesen, was zu Fehlinterpretationen führen kann.

Man kann die Störung dadurch vermeiden, daß man darauf verzichtet, die Schnittstelle im Pascal-Programm zu installieren und sie statt dessen nur beim Einschalten einrichtet. Wird ein angeschlossenes Gerät erst danach eingeschaltet, kann es durch den Störimpuls nicht beeinflußt werden. Andererseits ist die serielle Schnittstelle während der gesamten Arbeitsdauer aktiv und sammelt empfangene Zeichen in ihrem Empfangspuffer. Das kann dazu führen, daß beim Start eines Programms schon Zeichen vorhanden sind. Der Empfangspuffer läßt sich zwar mit einem neuen Initialisieren der Schnittstelle neu einrichten, dabei entsteht aber auch wieder ein Störimpuls.

Das Problem läßt sich durch eine zuzätzliche Prozedur „PufferLeeren“ lösen. Sie wird im Zusammenhang mit dem Öffnen der Schnittstelle verwendet und liest eventuell noch vorhandene Zeichen aus dem Puffer, so daß man danach mit definierten Bedingungen rechnen kann.

Listing 31 zeigt alle Prozeduren, die für den Zugriff auf den parallelen Interface-Bus erforderlich sind. Vor jedem Auslesen und Laden der Schnittstelle wird über BIOS-Aufrufe der Status der Schnittstelle abgefragt. Die Prozedur „Oeffnen“ richtet zunächst die Schnittstelle ein. Erst nach einer Wartezeit wird der Puffer geleert, um die Antwort auf den entstehenden Störimpuls abzuwarten. Der Impuls wird vom Interface als das Byte „255“ gelesen. Damit ist das Statusbit „Lesen“ gesetzt und das Interface antwortet mit dem Inhalt der Adresse 127. Das gesendete Byte gelangt zunächst in den Empfangspuffer des Atari und wird dann durch „PufferLeeren“ beseitigt.

```
procedure PufferLeeren;
  var B : Byte;
  function Status (D : Byte) : Byte ; BIOS (1);
  function ByteIn (D : Byte) : Byte ; BIOS (2);
  begin
    while Status (1) <> 0 do
    begin
      B := ByteIn (1);
    end;
  end;

procedure Oeffnen;        {  1200 Baud  }
  var  N    :  Integer;
  procedure ConfigAux (BaudR,Flow,UCR,RSR,TSR,SCR : Integer);
            XBIOS (15);
  begin
    ConfigAux (7,0,136,-1,-1,-1);
    for N := 1 to 30000 do begin end;
    PufferLeeren;
  end;

procedure Empfangen (var Wert : Byte);
  function Status (D : Byte) : Byte ; BIOS (1);
  function ByteIn (D : Byte) : Byte ; BIOS (2);
  begin
    repeat until (Status (1) <> 0) or Keypress;
    if not Keypress then Wert := ByteIn (1);
  end;

procedure Senden (Wert : Byte);
  function  Status  (D : Byte) : Byte; BIOS (8);
  procedure ByteOut (D : Byte; C : Byte); BIOS (3);
  begin
```

```
    repeat until Status (1) <> 0;
    ByteOut (1, Wert);
  end;

procedure BusOut (Adresse, Wert : Byte );
  begin
    Senden (Adresse);
    Senden (Wert);
  end;

procedure BusIn (Adresse : Byte; var Wert : Byte);
  begin
    Adresse := Adresse + 128;
    Senden (Adresse);
    Empfangen (Wert);
  end;
```

Listing 31 Pascal-Prozeduren für den Atari ST

Alle Informationen zum Atari ST und die Pascal-Prozeduren verdanke ich der freundlichen Hilfe von Herrn Michael Gaedtke aus Düsseldorf.

15.6 Sharp PC-1350

Der Sharp-Taschencomputer PC-1350 steht hier für eine ganze Reihe von Modellen mit dem Prozessor SC61860, die zwar im Aufbau recht unterschiedlich sind, die jedoch alle für Meß-, Steuer- und Regelaufgaben über die RS232 geeignet sind. Der PC-1350 besitzt eine eingebaute RS232 mit 5-V-Pegeln, für die ein passender Pegelwandler erhältlich ist. Man kann aber auch ohne Pegelwandler arbeiten, da die Signale in der richtigen Polarität vorliegen, also nicht mehr invertiert werden müssen. Die Schnittstelle ist allerdings speziell für die Übertragung von Texten und Programmen ausgelegt, so daß insbesondere der Empfang einzelner Bytes nicht möglich ist. Sie ist nicht als Hardware-Baustein vorhanden, sondern wird über Maschinenroutinen des Basic-ROMs realisiert. Deshalb ist sie auch nur schwer manipulierbar.

Um Steuerdaten über die eingebaute RS232 auszugeben, benötigt man einen 15poligen Stecker im 1,27-mm-Raster. Pin 14 (ER) und Pin 8 (CD) müssen verbunden werden, damit der Rechner das OPEN-Kommando ausführen kann. Die Datenausgabe erfolgt über Pin 2 (SD), die Masseleitung ist Pin 7. Die Ausgabe einzelner Bytes ist über den LPRINT-Befehl möglich:

```
10 OPEN              : REM Öffnen mit 1200 Baud
20 LPRINT CHR$(55);  : REM 55 ausgeben
30 LPRINT CHR$(56);  : REM 56 ausgeben
```

Der Empfang einzelner Bytes ist deshalb nicht ohne weiteres möglich, weil der Rechner hier nur mit vorgegebenen Datenformaten arbeitet, also z. B. beim Einlesen eines Textes grundsätzlich CR am Ende jeder Zeile erwartet.

Für die Übertragung einzelner Bytes ist es günstiger, eigene Maschinenroutinen zu verwenden. Dabei ist man im Prinzip frei bei der Wahl der Portanschlüsse. Deshalb wurden die Anschlüsse an der 11poligen Anschlußbuchse des Rechners gewählt, da der erforderliche Stecker im 2,54-mm-Raster leichter erhältlich ist. *Listing 32* stellt die vollständigen Routinen vor. Zu sendende Bytes werden in 6AFE übergeben, empfangene Daten können in 6AFF ausgelesen werden. Der Portanschluß F3 (Pin 8) ist der Datenausgang TXD, der Port B7 (Pin 3) wird als Dateneingang RXD genutzt. Die Masseleitung ist Pin 9, wobei die Zählung mit Pin 1 rechts bei Draufsicht auf die Buchsenleiste beginnt. Es wird hier ganz ohne Handshake-Leitungen gearbeitet.

```
RS232-Sender

6B00    10 6A FE   LIDP    Datenadresse
6B03    57         LDD     Byte laden
6B04    03 08      LIB     Schleifenzähler
6B06    12 5E      LIP     Adresse Port F
6B08    61 04      ORIM
6B0A    5F         OUTF    F3 einschalten, Startbit
6B0B    4E C1      WAIT    Wartezeit Startbit
6B0D    D2         SR      Datenbit in C schieben
6B0E    2A 06      JRNCP   wenn Bit = 0, dann 6B15
6B10    60 00      ANIM    sonst:
6B12    5F         OUTF    F3 ausschalten
6B13    2C 04      JRP     Sprung nach 6B18
6B15    61 04      ORIM    für Bit = 0:
6B17    5F         OUTF    F3 einschalten
6B18    4E B5      WAIT    Wartezeit Datenbit
6B1A    C3         DECB    Schleifenzähler - 1
6B1B    29 0F      JRNZM   8 mal Sprung nach 6B0D
6B1D    60 00      ANIM
6B1F    5F         OUTF    F3 ausschalten, Stopbit
6B20    37         RTN     Rücksprung


RS232-Empfänger

6B30    4E 20      WAIT    Warteschleife
6B32    6B 08      TEST    wenn Tast BRK gedrückt,
6B34    38 02      JRZP
6B36    37         RTN     dann Rücksprung
6B37    CC         INB     Port B lesen
```

```
6B38    66 40      TSIA    wenn Bit 7 = 0,
6B3A    39 0B      JRZM    dann Sprung nach 6B30
6B3C    4E E0      WAIT    sonst Wartezeit Startbit
6B3E    03 08      LIB     Schleifenzähler laden
6B40    34         PUSH    Datenbyte auf den Stapal
6B41    CC         INB     Port B lesen
6B42    64 40      ANIA    Bit 7 ausblenden
6B44    67 3F      CPIA    wenn A < 40, dann C setzen
6B46    5B         POP     Datenbyte abheben
6B47    D2         SR      Bit ins Byte schieben
6B48    4E B3      WAIT    Wartezeit Datenbit
6B4A    C3         DECB    Schleifenzähler - 1
6B4B    29 0C      JRNZM   8 mal Sprung nach 6B40
6B4D    10 6A FF   LIDP    Datenadresse
6B50    52         STD     empfangenes Byte sichern
6B51    37         RTN     Rücksprung


Senden und Empfangen

6B60    78 6B 00   CALL    Sender aufrufen
6B63    78 6B 30   CALL    Empfänger aufrufen
6B66    37         RTN     Rücksprung
```

Listing 32 RS232-Maschinenroutinen für den Sharp PC-1350

Sollen Daten empfangen werden, die vom Interface als Antwort auf ein gesendetes Byte zurückgegeben werden, dann reicht die Geschwindigkeit eines Maschinenprogrammaufrufs in Basic nicht aus, um das Antwortbyte aufzufangen. Die Empfangsroutine würde erst gestartet, wenn das Byte bereits ausgesendet ist. Deshalb gibt es eine weitere kleine Maschinenroutine, die die Programme RS232-Sender und RS232-Empfänger nacheinander aufruft.

Listing 33 zeigt die Verwendung der Maschinenroutinen. Die Programme „Bus-Ausgabe“ und „Bus auslesen“ rufen die Maschinenprogramme direkt auf, um den Zugriff auf den parallelen Interface-Bus zu erlauben. Daneben gibt es zwei Unterprogramme, die dabei helfen, Programme möglichst kurz zu halten. Das Unterprogramm in Zeile 70 liest Daten aus einer DATA-Zeile und gibt sie nacheinander über die Schnittstelle aus. In Zeile 80 wird das Byte A ausgegeben und die Antwort des Interfaces in B zurückgegeben.

Unter Verwendung dieser Unterprogramme läßt sich z. B. die Frequenzmessung über den 8253 am parallelen Interface-Bus (vgl. Kap.12.1) mit einem sehr kurzen Programm realisieren. Dabei werden alle Steuerdaten zunächst in der Zeile 310 zusammengefaßt. Dem Unterprogramm in Zeile 70 muß zusätzlich die

```
 10:REM  RS-232-AUSGABE  DATEN IN &6AFE
 20:POKE &6B00,&10,&6A,&FE,&57,&03,&08,&12,&5E
 21:POKE &6B08,&61,&04,&5F,&4E,&C1,&D2,&2A,&06
 22:POKE &6B10,&60,&00,&5F,&2C,&04,&61,&04,&5F
 23:POKE &6B18,&4E,&B5,&C3,&29,&0F,&60,&00,&5F
 24:POKE &6B20,&37
 30:REM  RS-232-EMPFANG  DATEN IN &6AFF
 40:POKE &6B30,&4E,&20,&6B,&08,&38,&02,&37,&CC
 41:POKE &6B38,&66,&40,&39,&0B,&4E,&E0,&03,&08
 42:POKE &6B40,&34,&CC,&64,&40,&67,&3F,&5B,&D2
 43:POKE &6B48,&4E,&B3,&C3,&29,&0C,&10,&6A,&FF
 44:POKE &6B50,&52,&37
 50:REM  SCHREIBEN/LESEN DATEN &6AFE/&6AFF
 60:POKE &6B60,&78,&6B,&00,&78,&6B,&30,&37: END

 70:FOR N=1 TO J: READ A: POKE &6AFE,A: CALL &6B00:
    NEXT N: RETURN
 80:POKE &6AFE,A: CALL &6B60:B=PEEK &6AFF: RETURN

100:"A" PRINT "BUS-AUSGABE"
110:INPUT A
120:POKE &6AFE,A
130:CALL &6B00
140:GOTO 110

200:"S" PRINT "BUS AUSLESEN"
210:INPUT "ADRESSE ";B
220:POKE &6AFE,B+128
230:CALL &6B60
240:PRINT PEEK &6AFF
250:GOTO 210

300:"D" PRINT "FREQUENZMESSUNG"
310:DATA 19,50,16,176,16,4,19,116,19,180,17,0,17,0,
    18,255,18,255,112,0
320:RESTORE 310:J=20: GOSUB 70
330:WAIT 64: PRINT "": WAIT 0
340:A=17+128: GOSUB 80:F=2+255-B
350:A=17+128: GOSUB 80:F=F+256*(255-B)
360:A=18+128: GOSUB 80:F=F+65536*(255-B)
370:A=18+128: GOSUB 80:F=F+16777216*(255-B)
380:PRINT F/1000;" KHZ": GOTO 320
```

Listing 33 Bus-Zugriff und Frequenzmessung mit dem PC-1350

Länge dieses Datenfeldes in J übergeben werden. Zum Auslesen der Zählregister des 8253 wird das Unterprogramm in Zeile 80 verwendet.

Alle Sharp-Taschencomputer mit dem Prozessor SC61860 lassen sich in gleicher Weise mit der RS232 ausstatten, wobei unterschiedliche Taktfrequenzen, Adreßbereiche und Portanschlüsse zu berücksichtigen sind (vgl. [9]).

15.7 Apple Macintosh

Der Macintosh verfügt über zwei RS422-Schnittstellen, die für die hier vorgestellten Interfaces benutzt werden können. Die RS422 unterscheidet sich von der RS232 nur durch andere Spannungspegel und dadurch, daß hier alle Signale auch invertiert übertragen werden. Die Spannungspegel betragen +5 V und −5 V. Schließt man von den beiden Sendeleitungen TXD+ und TXD− nur die invertierte Leitung TXD− an, arbeitet sie an allen Interfaces genau wie eine RS232.

Die Signaleingänge der RS422 sind Differenzeingänge, es existiert also zum üblichen Eingang RXD− auch ein Eingang RXD+, der einen umgekehrten Pegel erwartet. Durch den Gegentaktbetrieb wird eine erhöhte Störsicherheit erreicht, weil Störimpulse auf beiden Leitungen gleiche Polarität besitzen und beim Vergleich durch die Differenzeingänge herausfallen. Will man wie bei der RS232 nur mit einer Leitung RXD arbeiten, genügt es, RXD+ etwa auf die mittlere Spannung des Aussteuerbereichs von RXD− zu legen, also 0 V für RS232-Normpegel von −12 V/+12 V oder 2,5 V für TTL-Pegel von 0 V/5 V. Offene Eingänge der RS422 haben eine Spannung von etwa 2,5 V, so daß RXD+ einfach nicht angeschlossen zu werden braucht. Dann arbeitet die Schnittstelle sowohl mit Normpegeln als auch mit TTL-Pegeln. Fertige Anschlußkabel verbinden RXD+ oft mit Masse, womit ein Arbeiten mit TTL-Pegeln unmöglich wird.

Die neueren Modelle Macintosh Plus, Macintosh SE und Macintosh SE/30 benutzen Mini-DIN-8-Stecker zum Anschluß der beiden seriellen Schnittstellen. Hierfür gilt das folgende Anschlußschema:

Pin	Apple-Bezeichnung	entsprechender RS232-Anschluß
1	HSKo	DTR
2	HSKi	DSR
3	TXD−	TXD
4	GND	GND
5	RXD−	RXD
6	TXD+	(bleibt frei)
7	GPi	DCD
8	RXD+	(bleibt frei)

Listing 34 zeigt die grundsätzliche Verwendung der Schnittstelle im LS-Pascal des Macintosh. Ich verdanke es der freundlichen Hilfe von Herrn Markus Lehmann aus Köln und Herrn Viktor Klein aus Essen. Die Prozeduren „BusOut“ und „BusIn“ dienen dem Zugriff auf den parallelen Interface-Bus. Es wird die Port-A-Schnittstelle verwendet, da üblicherweise der Drucker an Port B angeschlossen ist.

Die Schnittstelle arbeitet mit einem Datenpuffer, der mit der Prozedur „Puffer-Leeren“ geleert werden kann, um einen eindeutigen Zustand zu erreichen. Sie wird in „BusIn“ aufgerufen, um zu verhindern, daß nach dem Einschalten des Interfaces undefinierte Daten im Puffer sind.

Bei der Festlegung der Schnittstellenparameter wurden zwei Stopbits eingestellt, obwohl alle vorgestellten Interfaces mit einem Stopbit arbeiten. Dies ist eine Vorsichtsmaßnahme, die insbesondere beim Macintosh SE/30 mit seiner hohen Arbeitsgeschwindigkeit verhindern soll, daß das Mikrocontroller-Interface aus Kapitel 11 bei den höchsten Baudraten überfordert wird.

Die Empfangsfunktionen wurden anders als bei den Pascal-Prozeduren für den IBM mit einem Time-Out versehen. Im Falle eines ausbleibenden Antwortbytes wird eine Fehlermeldung ausgegeben.

Beim Macintosh ist am Ende eines Programms das Schließen der Schnittstelle unbedingt erforderlich.

```
UNIT RS232;

INTERFACE
 PROCEDURE Oeffnen;
 PROCEDURE Schliessen;
 FUNCTION ZeichenDa: Boolean;
 PROCEDURE PufferLeeren;
 PROCEDURE Senden (DOut: SignedByte);
 FUNCTION Empfangen (VAR DIn: SignedByte): Boolean;
 PROCEDURE BusOut (Adresse, Wert: Byte);
 PROCEDURE BusIn (Adresse: Byte; VAR Wert: Byte);

IMPLEMENTATION

 PROCEDURE Oeffnen;
  VAR
   SerOptions: SerShk;
   SerConfig, Error: Integer;
 BEGIN
  Error := RAMSDOpen(sPortA);
  { Modem-Port(Port A) Input- und Output Treiber öffnen }
  { Initialisiert auch AInRefNum und AOutRefNum auf Systemebene}
  SerConfig := baud1200 + data8 + stop20 + noParity;{ 1200 Baud, 8 Bit ,2 Stop ,noParity}
  WITH SerOptions DO     { Optionsparameter initialisieren }
   BEGIN
    fXOn := 0;          { Kein XOn/XOff Output Handshake }
    fCTS := 0;          { Kein CTS Handshake }
    XOn := Chr(0);      { XOn Zeichen (unwichtig, da ausgeschaltet) }
    XOff := Chr(0);     { XOff Zeichen (ebenfalls unwichtig) }
    errs := 0;          { Kein Fehler(-typ) führt zum Abbruch eines Read }
    evts := 0;          { Es werden keine Events generiert }
    fInX := 0;          { Kein XOn/XOff Input Handshake }
    null := 0;
   END;
  Error := SerReset(AInRefNum, SerConfig);  { Input Treiber konfigurieren }
  Error := SerReset(AOutRefNum, SerConfig);  { Output Treiber konfigurieren }
  Error := SerHShake(AInRefNum, SerOptions); { Optionen für Input Treiber }
  Error := SerHShake(AOutRefNum, SerOptions)  { Optionen für Output Treiber }
 END;

 PROCEDURE Schliessen;
  VAR
   Error: Integer;
 BEGIN
  RAMSDClose(sPortA)
```

```
END;

PROCEDURE Senden;        { (DOut: SignedByte)}
  VAR
   Cnt: LongInt;
   Error: Integer;
BEGIN
  Cnt := 1;
  Error := FSWrite(AOutRefNum, Cnt, @DOut)
END;

FUNCTION ZeichenDa;        {: Boolean}
  VAR
   Cnt: LongInt;
   Error: Integer;
BEGIN
  Error := SerGetBuf(AInRefNum, Cnt);
  ZeichenDa := Cnt > 0
END;    { PortHasByte}

FUNCTION Empfangen; {(VAR DIn: SignedByte): Boolean}
  VAR
   Cnt: LongInt;
   Error: Integer;
   ok: Boolean;
BEGIN
  Error := SerGetBuf(AInRefNum, Cnt);
  ok := Cnt > 0;
  IF Cnt > 0 THEN
   BEGIN
    Cnt := 1;
    Error := FSRead(AInRefNum, Cnt, @DIn);
   END;
  Empfangen := ok;
END;

PROCEDURE PufferLeeren;
  VAR
   Cnt: LongInt;
   K: LongInt;
   Error: Integer;
   DIn: SignedByte;
BEGIN
  Error := SerGetBuf(AInRefNum, Cnt);
  IF Cnt > 0 THEN
```

```
    BEGIN
     k := Cnt;
     WHILE K > 0 DO
      BEGIN
       Cnt := 1;
       Error := FSRead(AinRefNum, Cnt, @DIn);
       k := k - 1
      END;
    END;
  END;

  PROCEDURE BusOut; { (Adresse, Wert: Integer) }
  BEGIN
   Senden(Adresse);
   Senden(Wert)
  END;

  PROCEDURE BusIn;     {(Adresse: Byte;VAR Wert:Byte}
   CONST
    TimeOut = 100;
   VAR
    ok: Boolean;
    k: LongInt;
    DIn: SignedByte;
  BEGIN
   PufferLeeren;
   Senden(128 + Adresse);
   k := 1;
   REPEAT
    k := k + 1;
   UNTIL ZeichenDa OR (k > TimeOut);
   ok := Empfangen(DIn) AND (k < TimeOut);
   IF DIn < 0 THEN
    Wert := 256 - abs(DIn)
   ELSE
    Wert := abs(DIn);
   IF NOT ok THEN
    Writeln(' Fehler in BusIn ');
  END;
END.
```

Listing 34 Pascal-Unit für die serielle Schnittstelle des Macintosh

Literatur

[1] U. Tietze, Ch. Schenk, Halbleiter-Schaltungstechnik, Springer-Verlag, Berlin 6, 1983

[2] W. Link, Messen, Steuern und Regeln in Basic, Franzis- Verlag, München, 1984

[3] Schneider PC, Technisches Handbuch PC 1512, Amstrad, 1986

[4] General Instrument, Datenblatt zum AY3-10156

[5] NEC, Telecommunication, Speech, A/D-Converter Components Data Book, 1987

[6] Intel, Microprocessor and Peripheral Handbook, Volume II – Peripheral, Intel, 1987

[7] Analog Devices, Datenblatt zum AD670

[8] Analog Devices, Datenblatt zum AD7820

[9] B. Kainka, Maschinensprache-Lehrbuch für Sharp-Taschencomputer, Fischel-Verlag, Berlin, 1987

Bezugsquellen

Die meisten der in diesem Buch verwendeten Halbleiter sind bei den folgenden Firmen erhältlich:

- Tennert-Elektronik, Burgstr. 15, 7056 Weinstadt-Endersbach
- Simons electronic, Meisenweg 4, 5012 Bedburg
- Reichelt Elektronik, Markstr. 101, 2940 Wilhelmshaven

Die A/D-Wandler AD670 und AD7820 sind direkt bei der Herstellerfirma zu beziehen:

- Analog Devices GmbH, Edelsbergstr. 8–10, 8000 München 21

Die folgende Firma stellt eine Mikrocontroller-Interfacekarte nach dem in Kapitel 10 und 11 vorgestellten Verfahren des parallelen Interface-Bus her:

- Learnware Computer-Lehrmittel GmbH, Schillingstr. 36, 4600 Dortmund 1

Sachverzeichnis